JN151381

ニシンの泳ぐ森

大熊光治

Healthy Forests for a Healthy Herring population

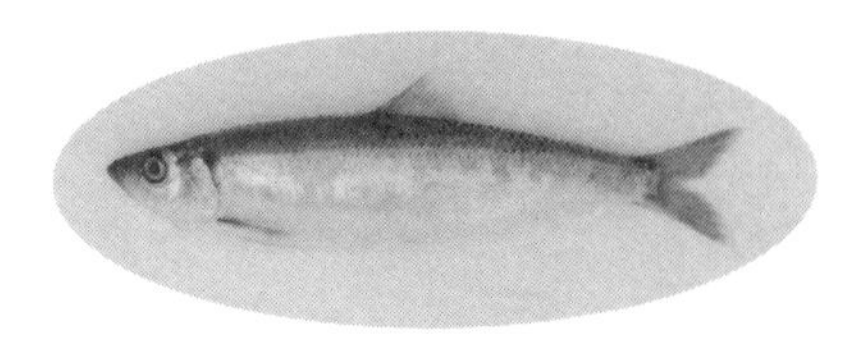

Mitsuharu Okuma

序

学生の頃、北海道を旅していて、「鰊御殿」の存在を知った。確か、小樽の先あたりを移動していて、ほんとうに立派なお屋敷が海岸線上に見えてきたのである。

かつて、北海道がニシン景気に湧いた時代があるということを、この時、初めてきちんと認識した。

往時は、「群来」という言葉があるくらいに、大変な数のニシンが沿岸に押し寄せてきていたのである。

時代が流れ、ニシンがとれなくなってしまった。鰊御殿は一つの時代の栄光、反映、その息吹を時代に伝える。この間、何が変わってしまったのか。広大な海、大自然を前に「ニシンはどこに行ったのか?」と問いかけても、なかなか答えは返って来ない。


本書は、ニシンを手がかりに、自然という複雑で豊かな対象を探求する一つの試みである。

著者の大熊光治さんは、一人の探偵のごとく、北の海からニシンが消えてしまったその理由と、復活への道筋を、さまざまな角度から検証して行く。

流域に住む水生昆虫の調査、かつての豊漁についての証言。食物連鎖。フルボ酸鉄など、物質の循環。行政の方々の取り組み。

さらには、ニシンの漁が盛んで独自の食文化もあるノルウェーに調査に出かけたり、ニシンで栄えた厚田で育った作家、子母澤寛さんのことや、老舗旅館に今も伝わる伝統料理のことまで調べ上げる。

このような、様々な角度からの総合的アプローチが、本書の大きな魅力である。

一つの鍵になるらしいのが、「森林」である。

東北地方、宮城県の気仙沼では、森林を育てることが、海の牡蠣養殖を支えるという視点が注目されている。畠山重篤さんを中心としたＮＰＯ法人「森は海の恋人」の活動は広く知られている。

大熊光治さんには、先に著書『気仙沼湾を豊かにする大川をゆく：森は海の恋人の舞台』（２００９年）があり、気仙沼でも注目されている「森林と海」の関係に長年関心を向けられてきた。

どうやら、北海道のニシン復活の一つの鍵として、沿岸の森林の再生があるらしい。もちろん、大自然は複雑で、因果関係は容易には見通せないが、一つの有力な仮説として支持されている。

陸の森林を育てることで、腐葉土が出来、海に栄養分が流れ込むことでプランクトンなどの生物資源が育つ。それを餌にするニシンも、また育まれる。そのようなスケールの大きな循環を、大熊光治さんは構想し、自治体の方々とも協力して、植林の活動をされている。

思えば、私たち人間は、思い上がっていたのかもしれない。私たち自身が、大自然というジグソーパズルの一つのピースに過ぎない。森が海につながっているということは、考えてみれば当たり前のことだ。そのような連関を無視して自然を破壊してきたことの報いの一つが、ニシンの漁獲高の減少なのであろう。

『ニシンの泳ぐ森』は、自然と私たちのつながり、大自然の中のさまざまなものの循環、結びつきを考える上で格好の資料を提供してくれる。海と森の関係、生物の不思議さ、自然と人間の営みに興味を持つ方に、是非お勧めしたい。


ところで、著者の大熊光治さんは、私が中学校の時にお世話になった理科の先生でもある。当時、私は蝶の研究をしていて、学生科学展でも発表していた。その時の指導教官が、大熊先生であった。

大熊先生は、ご自身が大変好奇心にあふれた方で、当時からさまざまなことに関心を向けて、調べていらした。その探求する姿勢から、多くのことを学ばせていただいた。

今、時が流れて、かつての恩師のご著書にこのような形で文章を寄せさせていただくご縁に、感激を覚える。自然と同じように、人生もまた複雑で豊かな結びつきを持っている。

考えてみれば、私自身が一匹のニシンのようなものであり、かつて大熊先生が学校で植え付けられた大森林に涵養され、今、故郷の海を泳いでいるのかもしれない。

大熊先生が、今後長きに渡って、後進のための「森林」を育ててくださることを、心から願う。

本書は、そんな森林の中の一つの大木だろう。

平成29年11月　北米神経科学会での発表のため訪れている米国、ワシントンにて

脳科学者　茂木健一郎

はじめに

石川英輔の著書である『大江戸リサイクル事情』を読んでいた。『大江戸リサイクル事情』の中に「かつてはニシン御殿の建った留萌の北にある厚田という地区の沖には、今でもニシンが来るが、この海に流れ込む厚田川の上流にはかなり良い状態の国有林がある」とある。留萌の北にあるという厚田を地図で調べてみた。北海道日本海側の地名を北から順に調べると稚内市、留萌市、増毛町、石狩市、小樽市である。厚田は増毛の南で石狩の北にあり、札幌市から約50キロのところである。厚田は昔ニシンで栄えた村であった。北海道のニシンは、明治40年代から減り始め、昭和29年から激減したようだ。しかし、今でも厚田ではニシンが獲れているようだ。厚田川が流れ込む石狩湾沿岸の自然環境を私は見たくなった。ニシンが来るとは、海岸近くの藻場に雄雌が集まり産卵行動を行うことである。関東地方の魚屋の店頭からも昭和30年代にニシンが消えた。

ニシンは正月料理の素材になくてはならないものである。身欠きニシンは一年を通してのたんぱく源で、貴重な魚であり多様な利用方法がある。

ニシンが減少した要因はニシンの過剰な捕獲、内陸部の森林の多量な伐採など様々である。ニシンが豊漁の頃、厚田川の流域は森で覆われていた。今も所々に森が残っている。水中に生息する魚と陸の森の間に深いつながりがあるとは考えにくいが、昔の人は経験的に、海岸、川岸などの水辺に森林があれば、水中の魚が集まり、増えることを知っていた。そして、水辺に森林や林を育てて守ってきた。この森を魚付林と言っている。

現在、水中に生息する魚と陸の森との間に深いつながりがあることが科学的にわかってきた。厚田の人々は水中に生息する魚と陸の森の間に深いつながりがあることに気付いていた。ニシンを復活させるために漁民たちが中心となって地域と石狩市、厚田村も協働して山に木を植えてきた。小学生も厚田の海にニシンの稚魚の放流をはじめた。厚田沖には群来(くき)が見られるようになった。そして平成29年には関東の魚屋の店頭に生ニシンが並んだ。

今回、海を豊かにする厚田川の河川型と水生昆虫を調査することにした。また、日本海のニシンを増やすために日本海へ流れ込む川の河口付近に注目し、河口付近に生息する水生昆虫相の調査も行った。北海道の日本海へ流れ込む各河口付近には、よい漁港が存在する。その海浜の町の繁栄と衰退、漁業で繁栄した人と社会生活の形成も調査した。

平成29年8月

大熊光治

ニシンの泳ぐ森＊目次

第二部　すばらしい人材が育つ厚田の風土

装幀・図版制作　大友　洋

ニシンの泳ぐ森

Healthy Forests for a Healthy Herring population

第一部　ニシンの泳ぐ森

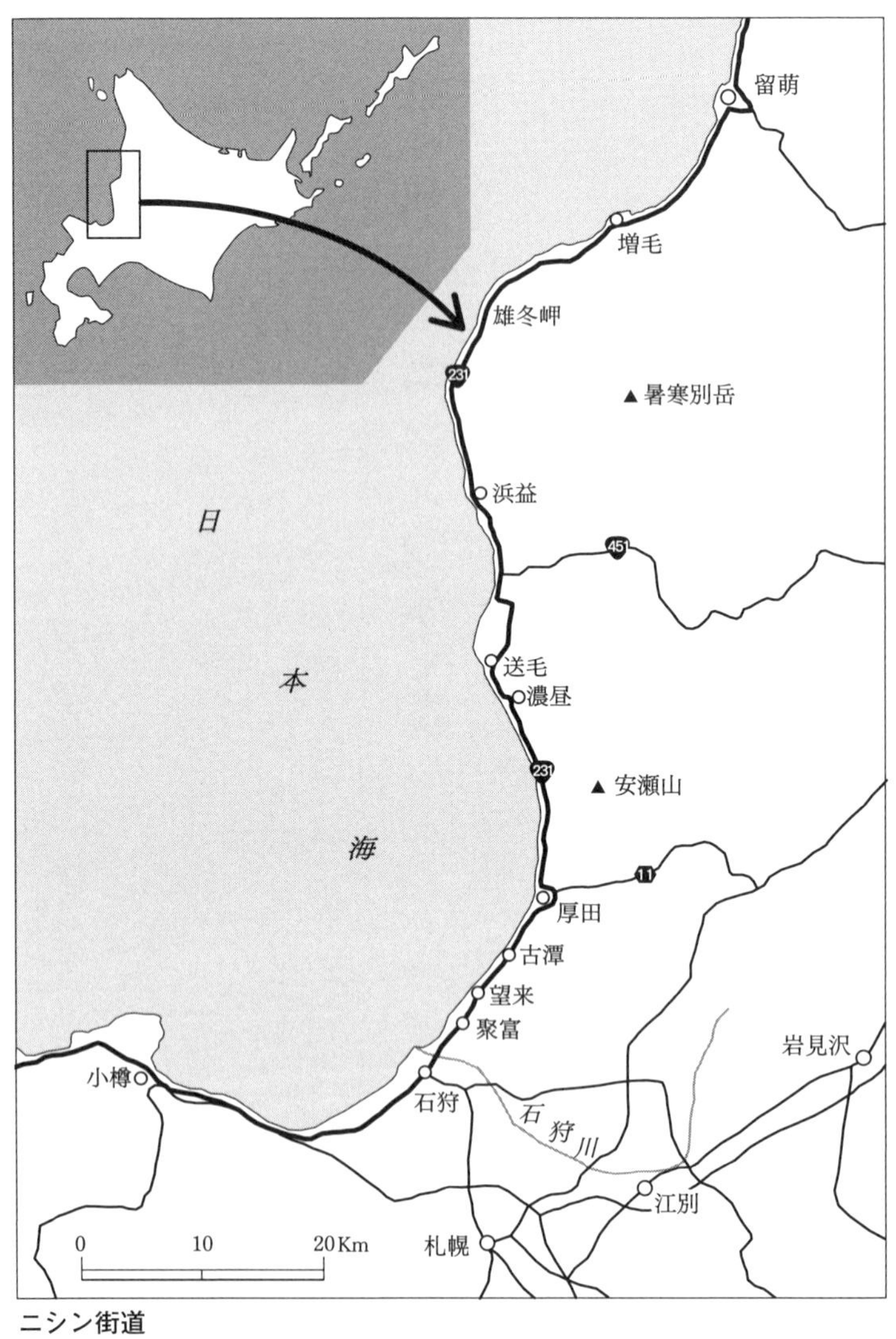

留萌
増毛
雄冬岬
231
暑寒別岳
浜益
日
451
本
送毛
濃昼
231
安瀬山
海
11
厚田
古潭
望来
聚富
岩見沢
小樽
石狩
石
狩
川
江別
0
10
20Km
札幌

ニシン街道

I　ニシン街道を訪ねて石狩街道をゆく

札幌市から石狩市・石狩川付近へ

札幌駅近くに北海道大学がある。大学の敷地内に北海道大学総合博物館があり、松村松年先生が北海道の昆虫を研究した標本が展示されている。歴史ある標本が展示され、感動した。再び見学することを心に決め厚田へ向かった。

国道二三一号を創成川に沿ってポプラ並木を行くと、茨戸川の左岸に川の博物館がある。国道二三一号沿いの工業地帯を過ぎて民家が立ち並ぶ国道二二五号を港のある方向へ行った。日本海へ近づくと石狩中学校がある。昔はこのあたりが石狩市の中心で石狩市役所もあり、漁業で栄えて華やかな港町であった。今、石狩市役所は花川にある。中学校から北の方へ向かうと、石狩川に架かる石狩河口橋に来た。橋を渡ると聚富(しっぷ)に入った。石狩川の左岸、右岸は平野で湿原からなる泥炭層を形成していた。泥炭は、水草、コケ類、木などの植物の枯れ木が腐ることなく堆積し分解されない有機物である。泥炭層を燃料に使っていた。石狩川下流域に、耕作するのに困難な泥炭地が今も残っていた。北海道開発庁は食料を増産するために石狩川下流域を昭和26（195

1）年から昭和46（1971）年に開発した。現在、泥炭層を取り除いた表面は風化し、この土地は畑や田んぼに使われていた。石狩川右側の斜面の土地に最近ソーラーパネルが設置されている。畑は麦作に、水が引ける土地は稲作に利用している。

石狩市厚田区聚富（しっぷ）から厚田区嶺泊（みねどまり）へ

さらに国道二三一号を北上し、聚富川橋を過ぎると周辺は丘陵になる。国道の左側に、日本海から丘陵へ吹き上げる雪を遮断するための防雪棚が設置されている。厳しい日本海からの風が吹く丘陵は人の手が入らず望来まで森が続く。所々にゴルフ場が設置されている。

望来（もうらい）の海岸近くの丘の上に風車が設置されている。平らなところにキャンプ場やパークゴルフ場のレジャー施設がある。望来地区を過ぎると、海岸まで丘が迫り、国道は海岸より離れ、いったん丘陵の上に出る。その先は嶺泊（みねどまり）である。

石狩市厚田区厚田へ

嶺泊から厚田までの国道は丘陵の上にある。海岸線は崖のため人を寄せ付けない。崖の急なところは海食崖で植物も生えていない。灰色の崖は泥岩である。その上に砂や礫などの堆積物がある。泥岩と砂や礫などの堆積物の境目から、山からの地下水が流れ出ている。その下は固い層もあり山からの水は地下水となり、海中に流れ込んでいる。栄養分豊かな水が海に流れ出ているため、藻場も残っていた。最近この藻場のところにニシンの群来が見られるようになった。海岸近くに少し林が残っているが、以前は原生林の素晴らしい林が海岸まであった。この原生林を再生するために厚田区別狩、小谷、青島に「あつたふるさとの森」がある。

もうすぐ子母澤寛の故郷・厚田である。

司馬遼太郎は『新選組』を書く際、作家子母澤寛から多くの資料と指導をいただいている。子母澤寛が育った厚田村へ須田剋太画伯と一緒に訪ねたかった。司馬遼太郎記念財団の事務局長上村元子さんによると『街道をゆく「北海道の諸道」』の取材を兼ねて厚田村を1978年9月3日に旅した。一行のメンバーは司馬遼太郎夫妻、桑原武夫夫妻、松山善三・高峰秀子夫妻、須田剋太画伯、志村鉄一である。司馬遼太郎は子母澤寛が育った厚田村を隅々まで調査し、風土を肌で感じ取った。

現在の厚田川

厚田区別狩の丘陵に立って厚田村を見ると、眼下に東から西へ厚田川が流れている。昔から、よい漁港には近くに豊かな川があり、その水が海を豊かにしている。国道二三一号に架かる厚田橋上流付近は上流からの流下物によって水流の力が落ち、左岸の河川床に土砂と流木が堆積している。水路は川岸に寄っている。右岸の水位のあるところにはヨシ、陸地にはウドが繁る。厚田川が海へ入る河口付近は砂礫がきれいに敷き詰められ、平瀬になっている。そこにはウミネコが群れている。厚田川は最後に浄化されて日本海に入る。

厚田川及び厚田川の河口付近は「サケ、マス」を含め全ての水産動物の採捕が周年禁止されている。また、厚田川の沖合では海岸線から160〜200メートルの海での「サケ、マス」の採捕を5月1日から8月31日までの間は禁止している。河口付近には平地が広がり、家が並んで建ち、ニシンで栄えた漁業の町のおもかげがある。しかし、所々に空き地も増えている。

戸田城聖生家跡の石碑

厚田は漁業で栄えて多くの入植者が生活した。戸田甚七（創価学会第二代会長・戸田城聖の父）は明治35年に石川県から厚田に来て、厚田川左岸の厚田川河口近くに住んでいた。昭和37年頃厚田川の護岸の工事が行われ、戸田家の用地は堤防用地となった。そこに創価学会第二代会長・戸田城聖生家跡の石碑がある。戸田家は次男章次郎が佐藤松太郎の隠居家（今の戸田旅館）を購入し住んでいる。

厚田の特色ある施設

国、北海道などの公共機関もあり、今でも各種団体の地域活動の支援と指導を行っている。

・あつた港朝市

厚田港に「あつた港朝市」がある。朝市の特色と経緯を上山稔彦氏に聞いた（2016年6月23日）。今から40～50年前、漁師がタコ、カレイなどを漁港で水揚げした時、その場にいた市民や観光客から分けてほしいとの取引から始まった。上山稔彦氏は水揚げした新鮮な魚介類を朝市で販売すると売れると思った。しかし、保健所から衛生上悪いと指導があり、漁協で話し合いを行った。その結果、朝市を行うことになった。

あつた港朝市（平成27年6月18日）

みんなで決めたことは、

①毎日売れなくとも店を開く。
②新鮮な魚を置く。
③価格は厚田漁協の朝市部会長が魚を見て決める。
④十八店舗で統一した値段にする。

ことである。

この朝市の魅力は、魚の値段を統一する、しかしサービスは各店の努力に任せるということである。例えば、丸ほしのニシン三本五

○○円で買う。店員と会話の様子から小ぶりのニシンを一匹サービスしてもよい。厚田住民、札幌や石狩の人々が日常の食材を朝市で気軽に買い求めている。また石狩街道沿いにあるために稚内、留萌、増毛、厚田を観光で訪れた人々が休憩やおみやげ品を買う目的で立ち寄ってくれる。あつた港朝市は様々な特色もあり、お客も多くなってきている。

・日本水難救済会北海道支部厚田救難所

厚田港に海や海浜での遭難者や船舶の救助を行う日本水難救済会北海道支部厚田救難所がある。所長は上山稔彦氏が勤めている。緊急の場合の救難に携わる人々は、普段は海に関する仕事を行っている。救難に携わる人々は常に水難救済会の支援のもとで訓練教育を受けている。

・石狩市森林組合

石狩市森林組合は「森が豊かになることは海の豊かさにつながること」を基本理念としている。そのために日本海沿岸の山の森の再生、林道の補修や草刈り、造林、下草刈作業を組織的に行っている。海を豊かにするための環境整備を行っている。

・北海道石狩支庁石狩地区水産技術普及指導所

石狩湾漁協に属する漁業者や石狩湾の資源管理活動などを支援している国の機関である。指導所では、漁協青年部や女性部などの各グループ活動が漁業振興に結びつくよう支援している。また、浜の将来を担うグループの活動が、さらに発展できるように支援を行っている。具体的な活動として地域の特色である「あつた港朝市」で販売できるような加工品の製造方法の習得、特産の厚田コンブの販売奨励及び厚田の新鮮で美味しい味を広めている。また、植樹運動として、クリ、クルミ、シラカンバ、ハルニレ等の種を採取し、植樹する苗木を育てている。苗木は「あつたふるさとの森」に植樹している。

・石狩湾漁業協同組合

石狩湾漁業協同組合は石狩湾に多く生息していたニシンやハタハタの保護に取り組んでいる。そのために採卵から稚魚の育成、放流を行っている。また豊かな海を守るための植樹などの活動も積極的に行っている。厚田、石狩、浜益の各支所では、漁業者直営の漁港朝市も行っている。

・厚田森林事務所

厚田川の上流には国有林がある。この国有林では原生的な森林生態系が保全され希少保護動物植物も生息している。これらを管理するために国は厚田森林事務所を設置し、専門職の首席森林官を配置し、原生的な自然を保護している。

・石狩市企画経済部農林水産課林業・水産課

石狩市役所は平成17年合併により、企画経済部農林水産課林業・水産課を組織した。平成24（2012）年、厚田支所に企画経済部農林水産課林業・水産課を移し地域との連携を深める。

・豊漁紀念碑

明治24（1891）年7月豊漁紀念碑が厚田神社境内に建立された。漢文の書き下し文で書かれている。その一部を紹介すると、要旨は

「…漁業者は漁具、漁舎を改良し、商売は新たに店舗を建築する。その他道路を切り開き、役場、學校、病院などを新築する。

明治24年の鰊の漁では、神の風が猛威を震はす。海の神は怒りを発する。漁夫の危険の懸念がある。楽しんで海上の操業を行う。厚田村で今までなかった鰊の漁獲を約五萬石を捕獲する。

約五萬石の捕獲は、神の恩の広さを感じた。厚田に郷社（社務の一つ）の称号を持ち、はるかに隔たって見える八幡宮は心から尊ぶに尽きる。神霊の祈願所であり、漁獲約五萬石に相当し、当時の紀念とする。将来の豊漁幸福を祈る。」とある。

発起人は上野正である。寄付人名が右側面に藤田利兵衛を先頭に五五名と左側面に上野正を先頭に五五名合計一一〇名が記録されている。

・石狩市厚田資料室

厚田出身の著名人である漁業家で政治家の佐藤松太郎、作家の子母澤寛、宗教家の戸田城聖、大相撲横綱の吉葉山潤之輔の業績等を紹介している。

厚田の今

厚田は海や山の恵みに助けられ成長した地域である。しかし高度成長の影響で過疎化が進み、高齢化も進行している。また、児童生徒の減少で学校の廃校が進んでいる。厚田は自然の恵みの素晴らしい地域である。厚田の住民の意気込みと公共機関の支援と指導により、「あつた港朝市」「あつたふるさとの森」などへ多くの人々が協働参加して厚田の繁栄の方向が見えてきた。

厚田区発足へ

厚田川河川段丘の平らなところに道道月形厚田線の道路が作られた。道道月形厚田線の道路の南側には厚田川が流れ、明治40（１９０７）年頃まではごうごうと水が流れ水量が多かった。厚田川上流にある発足地区は原生林の大木が密生する森林地帯であった。人々は生活のために原生林を燃料に使用した。また厚田の人たちの燃料やニシン漁場へ売って生活資金としていた。そのため明治40（１９０７）年頃までに樹木がなくなった。

今の月形厚田線の所々の北側の斜面は豪雨で土砂が崩れた。山の上の方は伐採されたままであったが、「つうけんの森」と名付けてカラマツを植樹している。しかしエゾシカの食害が大きい。平らな土地は畑になり、ソバを作っている。

発足地区の厚田川上流右岸の河岸段丘は水田に適するところである。安瀬山の東側を水源に流れた水は左股川に流れ、第九五号取口から落差を利用して、発足地区の水田に水を供給している。この適地に徳島から美馬徳太郎等五戸が明治19（１８８６）年にはじめて入植した。冬の厳しい自然環境の中、原野を耕地に広げる。発足地区の奥地に藤本氏が稲作を行っている。これから先、厚田川の上流は国有林に入る。柵が設置され通行禁止である。

　発足地区は食べるに困らない自然の生産物があり、多くの人々が入植し子どもも増えた。発足小学校が明治36（１９０３）年6月17日に開校した。その後、高齢化と少子化が続き人口も少なくなり発足小学校は平成15（２００３）年3月31日に閉校した。

ニシンくんせい「厚田くんせい」

「厚田くんせい」（平賀家）

　平賀家は厚田の自然の素晴らしさにほれて、平成2年札幌から厚田に移り住んだ。厚田の山の自然の中で豊かな厚田川のほとりに「厚田くんせい」を開業した。厚田くんせいをつくる際大切にしたことは素材のうま味を十分に引き出すようにしている。魚が豊かな厚田の海で獲れたニシン、サケ、マス、カレイ、シシャモ、サンマ、サバなどをくんせいの材料にしている。まず、くんせいの材料は天日干して、添加物を一切使わず、少しの塩のみで味付けする。素材がよいことから魚のくんせいは照り輝き、姿は美しく出来上がる。燻す時に使う木材は地域の人から提供していただいている。くんせいは木と魚との相性で決まり、組み合わせでおいしいくんせいが出来上がる。厚田くんせいは豊かな自然と食材の素晴らしさ、そして支えてくれた人々への感謝がこもっている。

天然のサケが遡上する濃昼(ごくびる)

濃昼地区は小さな漁業の町である。濃昼漁港の海へ、濃昼岳（621メートル）から流れ出た濃昼川と中の沢川が流れ込んでいる。濃昼川に架かる濃昼橋付近の河川型は山地渓流型、川幅4～5メートルで、水量が多い。川床には浮石が多く水中には石と石の空間がある。天然のサケも遡上している。ニシンやハタハタなどが豊富に獲れた時代、河口付近の小さな平地に漁業に携わる人々が住んでいた。濃昼会館、濃昼漁業協同組合があり、約三九軒が建っている。漁業の安全を祈願する稲荷神社もある。

子どもの数も増えて明治30（1897）年8月5日、浜益郡尻苗尋常小学校濃昼分教場として学校も設置された。濃昼中学校は昭和29（1954）年、浜益中学校濃昼分校として併設された。

濃昼地区は四季折々の季節感のあふれる山のふところにあり、漁業で栄えて大変にぎやかな町であった。しかしニシンの激減と漁業の行く先を考えて去る人もいた。そのために平成2年には小学校〇名、中学校二名となり、小学校、中学校とも平成4（1992）年3月31日に閉校になった。現在、校舎は芸術家の創作施設として使われている。

浜益村立濃昼中学校は昭和44年8月14日に行われた管内中体連主催の女子バレーボール大会で準優勝を遂げた。この輝かしい歴史を作った記念と中学校創立二十周年を記念して記念碑がある。

濃昼漁港は北海道浜法漁港管理者から第一種として認定されている。また公共機関の支援を受けて昭和60（1985）年度第三期山村振興・農林漁業対策事業水場荷捌施設として浜益漁業協同組合直売所で海産物を直売している。漁港近くに民間の岩見漁業部があり、濃昼川で獲れたマスの販売を行っている。

国蝶オオムラサキの北限の生息地　浜益（はまます）

濃昼から浜益へ行くには「暑寒別天売焼尻国定公園」を越えなければならない。国定公園には海岸から500メートルぐらいのところに標高353～400メートルの山々がある。人を寄せ付けないところであり、海岸は崖でタラマ、ブイマワシ、鷲岩の名勝地がある。難関工事の結果、送毛山道は昭和46（1971）年に完成した。「暑寒別天売焼尻国定公園」は「浜益北の魚つきの森　呼び戻そう！　群来の浜」をスローガンに環境保全されている。浜益の人たちは海を豊かにするために森が必要であることに早く気付き、浜益魚つきの森に植樹してきた。浜益北の魚つきの森には新・旧名木一〇〇選（平成2年）に選ばれた樹齢八二〇年（推定）幹周4・8メートル樹高18メートルの巨木になった通称「千本ナラ」と呼ばれるミズナラがある。

石狩市浜益区は日本における国蝶オオムラサキの北限の生息地である。オオムラサキは北海道から九州まで分布する。体長も大きくたくましく、紫色に光る翅をもつ美しい蝶である。成虫は樹液（ハルニレ、ミズナラ等）を吸水する。幼虫は、エゾエノキ（エノキ）の葉を食べる。国道二三一号沿いの浜益は海岸近くを通り、浜益川の河口には平地が多く、商店、住宅が並ぶ。オオムラサキが生息できるようなエゾエノキ、ハルニレ、ミズナラの林は見当たらない。国蝶オオムラサキは石狩市浜益区実田の山に生息する。ここが日本における北限の生息地である。

北海道のオオムラサキは、他の地域のものに比べてオスもメスも小さくこじんまりしている。金子有哲氏（蝶の研究家）が所有する北海道、山梨県、熊本県のオオムラサキの標本を見せていただいた。翅の表の模様がはっきりしていて、よい蝶である。北海道のオオムラサキの翅の裏面は黄色が鮮やかである。北へ行くと太陽光線の黄色が多くなる。オオムラサキは黄色の斑紋にして身を守るのに適応している。植物の花の色は黄色が多いためオオムラサキは集まりやすく、種の保全に有利な形態である。黄色は波長が長く、翅の表面は黄色の光を反射する形態でその他の色の光を吸収するので、体温を上げることもできる。南の方は太陽光線の白色が多く強いため、斑紋を白色にして身を守っている。南方の個体は白色ですべての色を乱反射し、暖かい地方に適応している。

浜益郷土資料館（ニシン建網漁場の番屋）

郷土資料館　番屋

浜益には浜益郷土資料館として番屋の展示がある。この番屋はニシンで栄えた当時、漁民たちが漁場の近くで効率よく仕事をするために作られた作業場兼宿泊施設である。石狩管内で唯一残され、ニシンで栄えた証でもある。郷土資料館として貴重な建物である。

＊

冷（すさ）まじや番屋の芯の太柱　　龍野　龍

石狩川の河口から厚田、増毛、留萌とオロロンラインを走る。かつてニシン漁が全盛を極めた北海道西海岸には、総勢二〇〇人のヤン衆たちが寝泊まりした番屋が残っている。大屋根を支える太柱の下での厳しい労働、今は静まりかえっていた。冷まじきものを感じた。

漁師からサクランボ農家へと（渡辺家）

国道二三一号を増毛町へ向かうとサクランボの旗が国道沿いに並んでいた。旗に沿って進むと渡辺義文氏が経営する善盛園に着いた。渡辺家は明治10（1877）年、秋田県から来て漁業をやっていた。漁業は景気が悪い時もあった。ニシン漁業は自然相手で難しさを感じた。渡辺善吉は土地を買い、開拓使として浜益にリンゴとスモモの苗木を無償で受けて善盛園で農園をはじめた。昭和58（1983）年、義文氏の父（善則）は果樹会会長を務めていた時、山に囲まれ、海流の影響で北海道としては比較的暖かく、風もなくサクランボの生育に適する浜益区川下地区に土地を購入した。父（義則）は八戸から佐藤錦と大将錦、山形から佐藤錦と岩井錦の苗木を送ってもらった。苗木は七～八年で成長し、大きなサクランボができた。現在、サクランボ農園も順調に進み、管理の人手が足りなく中国人、ベトナム人、韓国人、タイ人の研修生を受け入れている。

増毛町（ましけちょう）へ

浜益地区幌の北方に増毛町がある。浜益から増毛町に行くには、今は国道二三一号が通っている。浜益地区と増毛町の間は山岳地帯で、日本海へ落ちこんでいる。海岸線は断崖絶壁のところである。最も急な断崖で人も寄せ付けない雄冬岬がある。この雄冬地区は、昔ニシンで栄えた地区でもある。雄冬地区へは天狗トンネルが昭和54（1979）年に竣工した。陸の孤島であった雄冬地区に道路が開通し車で行けるようになった。浜益からも道路工事が始まり、昭和56（1981）年に雄冬地区まで完成し、国道二三一号は全通した。

鉄道で増毛に行くには札幌駅から函館本線に乗り、深川駅で乗り換えて留萌本線で終点増毛駅に到着する。この鉄道の開通は大正10（1921）年である。しかし平成28（2016）年12月5日廃止となった。

増毛町は明治から昭和初期の建物があり、高倉健主演の映画駅『STATION』の舞台となった。増毛駅前の風待食堂は昭和8（1933）年に建てられた。木造二階建築の雑貨店多田商店は板張りの壁である。観光客も多く、近代的な建物もできてきた。現在風待食堂は、増毛町観光案内所として利用している。

磯焼けが解消された増毛町

増毛湾に暑寒別川、箸別川、信砂川が流れ込んでいる。どの河川も水量が多く、河口付近は山地渓流型である。増毛湾は昭和40（1965）年頃から磯焼けがひどく、ニシンも来なくなった。磯焼けの原因として、沿岸の海水温の上昇や栄養塩の減少などが指摘された。ウニやアワビがコンブを食べ尽くす食害説もあった。平成10（1998）年、増毛町の海岸の磯焼け解消のために、北海道大学名誉教授松永勝彦先生の指導のもとで、海岸に海域施肥実験地を設置することになった。早速、平成10（1998）年に増毛町漁業協同組合は古茶内海岸に発酵魚粉を埋設した。その後、鉄鋼スラグと植物の堆肥を混合したものを埋設した。平成16（2004）年には舎熊海岸に、増毛漁協は大規模な藻場再生実験をした。

平成25（2013）年6月24日、私は増毛湾に設置された海域施肥実験地を調査に行った。増毛町漁業協同組合が古茶内海岸や舎熊海岸で行った、大規模な藻場再生実験の場所を探したが発見できなかった。しかし、磯焼けが広がっていた古茶内海岸に立ち海を見渡すと、海岸は長いコンブが海水中にとぐろを巻き海面を覆っていた。また、海水から打ち出されたコンブは陸に横たわっていた。私は、海の香りと塩の香りを十分味わった。藻場再生実験を行った場所を通行人に尋ねてもわからなかったため、増毛町漁業協同組合で聞くことにした。増毛町漁業協同組合を尋ねると増毛漁業協同組合参事兼総務指導課長忠鉢武さんが対応してくれた。海域施肥実験地は海岸を見てもわからないので忠鉢さんは私を車に乗せて舎熊海岸の藻場再生実験を行った場所を案内した。平成16（2004）年、舎熊海岸で行われた海域施肥実験地は砂で覆われ、まったく普通の海岸の状況と同じである。この近くにフナムシが多いのに驚いた。海岸には長いコンブがとぐろを巻いていた。また、

増毛町舎熊海岸の藻場再生海岸

忠鉢さんは海岸を歩きながら、ホソミコンブ、アワビ、ムールガイ、ハッカク、タコ、エビが増えていると話した。

私は機会を見て増毛湾に流れ込む暑寒別川、箸別川、信砂川に生息する水生昆虫の調査を約束した。

増毛町では暑寒別川の暑寒別橋の近くに「森・川・海・人　北の魚つきの森認定地／豊かな森・川・海・人をつくる増毛実行委員会〈二級河川暑寒別川〉」の看板を設置して自然環境を豊かにするために地域ぐるみで取り組んでいる。

*

大願の海盛り上げて鰊群来　　龍野　龍

昭和30年代から激減したニシン。それから半世紀の間、多くの人たちの弛まぬ努力があった。稚魚の放流活動や海を育てる植樹活動も、北海道日本海の海にニシンを呼びもどしたいという一心である。自然を破壊するのも人間、蘇らせるのも人間。海の盛り上がりは、人間の歓喜の声そのものと言えよう。

Ⅱ　厚田村（現、石狩市厚田区）でのニシン漁の繁栄と衰退

ニシン豊漁の時代、北海道は入植者や働きに来た人たちで多かった。厚田村は活気があり、地域が繁栄した。ニシンが多く獲れたので作物の肥料にも使った。漁民たちは夢中になってニシン漁業を行っていた。しかし、ニシン豊漁は長く続かず、次第にニシンが獲れなくなった。同時に他の魚も獲れなくなった。ニシンが来なくなったので農業や商業に転職した者もいた。

ニシン豊漁はどんなものだったのか。厚田をくまなく歩き調査した。北海道日本海側は切り立つ崖が多く道路さえ作るのに厳しく、海岸まで森林でおおわれていた。一部平らなところは開発され森林が伐採されていた。

ニシン豊漁の時代

明治20年代から40年代の厚田村の様子

ニシンの群れは毎年1月から3月に留萌、増毛、浜益、厚田へ南下してきた。その群れは厚田

の海に入る。初め畳二畳ほどが白くなり、その白い斑点があちこちにでき、海が広く染まり、北は厚田の安瀬から南は押琴まで約12キロであった。この群れの一部は陸に打ち上げられた。その様子を子母澤寛は、『曲がりかど人生』の小説の中で「春に鰊、冬は鰤、俗に半里ぐらいは魚の上を踏み渡って沖へ出られる。」と表現している。厚田の海岸は沖から陸地までニシンで埋め尽くされたようだ。このような豊漁がしばらく続いた。

ニシン大漁が厚田の浜に寄って来た
（大正15年4月4日）石狩湾漁業協同組合より

厚田には明治24（1891）年にニシン豊漁の記録が残っている。漁民たちはニシン大漁で多くの富を得た。ニシンの漁獲量は今までの最高で五万石余であった。その富の一部をみんなで集めて役場、学校、病院などを新築した。ニシン豊漁を記録に残すために厚田神社の境内に豊漁紀念碑を建立した。漁民たちは漁具、漁舎を改良した。商店は新たに店舗を建築した。

明治から大正にかけて、ニシンで富を得た親方は豪華な番屋を建てた。厚田の浜に多くの番屋があった。番屋は仕事がしやすいように親方の部屋、ヤン衆が寝る部屋、食事の場所、番屋で働く人達が集まる囲炉裏があった。番屋は集団で共同生活するのに機能的にできていた。親方によっては豪華な切妻屋根で二階建の番屋を建てた。厚田の前浜にあった多くの番屋は、ニシンが来なくなると姿を消してしまった。

厚田村安瀬生まれの佐藤松太郎は石狩から厚田、浜益沿岸の網元の親方であった。ニシンで得た富を明治43年厚田小学校の改築に一万余の寄付や厚田へ電気を引くために注いだ。

北海道のニシンは明治40年代以降減少した。厚田のニシンも同様に大漁でなかった。しかし、厚田は昭和元年、5年、6年とニシンが大漁であった。その後しばらく厚田のニシンの大漁は見られなくなった。すると突然、昭和29年、30年と二年続いてニシンは大漁であった。厚田の人たちを喜ばせた。漁民は将来への希望に胸を弾ませた。しかし、その後ニシンは厚田の海に姿を見せなくなった。

ニシン減少とその原因

いまだ明確でない、複数の要因

ニシン減少とその原因は、自然環境の保護を考えずニシンの過剰な捕獲、海の自然環境の変化、山の木を切ってしまったことによる川の水質の変化などが考えられる。また山の木は番屋での暖房や釜たきの燃料に使われた。生活のために山の木を切ってしまった。

北海道寿都町磯谷にニシン漁場の親方である佐藤栄五郎がいた。明治44（1911）年頃、彼はニシンが獲れなくなっていることに気付いた。ニシンが生息できる環境をつくってやらないと自然と来なくなるといっていた。そして彼は河川の奥地に落葉松や雑木林の必要性を唱えていた。

厚田の人たちの中には感覚的に森と海のつながりを知っていて、森を大切にして植樹活動を行っていた人もいた。

Ⅲ　海と森の関係

河川の水が海に流れ込み、海水と混じり合うところを「汽水域」と言っている。そこは海藻、魚介類が豊富で貴重な場所である。

漁民たちが海に出て、山の位置を目印に海で漁を行うと必ず魚が獲れる場所があった。そこは山から流れ出てきた水が海水と混じり合う流路である。

森の中には川が流れている。川に落ち葉や枯れ枝も流れ込む。秋に多くあった落ち葉や枯れ枝も一年も経つとその姿が見えなくなる。川の中には小魚、水生昆虫も生息している。最近、水生昆虫の働きが明らかになってきた。水生昆虫の食性は落ち葉を食べるもの、落ち葉を細かく砕き巣の材料に使っているトビケラもいる。きれいな水質の河川には多種多様の水生昆虫が生息する。

多くの研究者や漁業者によって山から流れ出てきた栄養分を含む水が、海を豊かにすることが科学的に判明した。

ニシン大漁の時代があった。学校教育では海の生態系を理解するためにニシンを頂点とする海中生物の食物連鎖の図が使われた。

海における食物連鎖と海中植物の光合成

食物連鎖とは

生物は集団の中で、互いに関係し合って生活している。生物の集団は、植物を食べる草食動物、草食動物を食べる肉食動物、肉食動物を食べる肉食動物がいる。さらに強い肉食動物もいる。鎖のように食物によって結びつけられた関係を食物連鎖という。特徴として鎖の下方の動物ほど数が多く、頂上にいる動物ほど数が少ない。それぞれの種類の動物は種類によって食性が決まっている。食物連鎖の出発点は緑色植物である。

ニシンを頂上とした海中生物の食物連鎖

好学社が出版した『高等学校　生物』の教科書に「ニシンを頂上とした海中生物の食物連鎖」が掲載されていた。この食物連鎖図は昭和32年から昭和61年まで高等生物の教科書に掲載されていた。ニシンが多く獲れて、広く認知されていたようである。

ニシンは翼足類、ヤムシ、イカナゴ、ミジンコを食べ、それぞれが食性によって鎖のようにつながっている。翼足類はハダカカメガイやクリオネと同じ仲間であり、寒流中に多く生息する。

ニシンの重要な栄養源である。翼足類は有孔虫や放散虫を食べる。そして有孔虫や放散虫は原生動物である海のプランクトンを食べている。海のプランクトンである原生動物はケイソウ、微小なソウ類を食べている。ヤムシはミジンコを食べている。そしてミジンコはケイソウ、微小なソウ類を食べている。イカナゴは北の海の砂地に生息する小魚でミジンコを食べる。そしてミジンコはケイソウ、微小なソウ類を食べている。

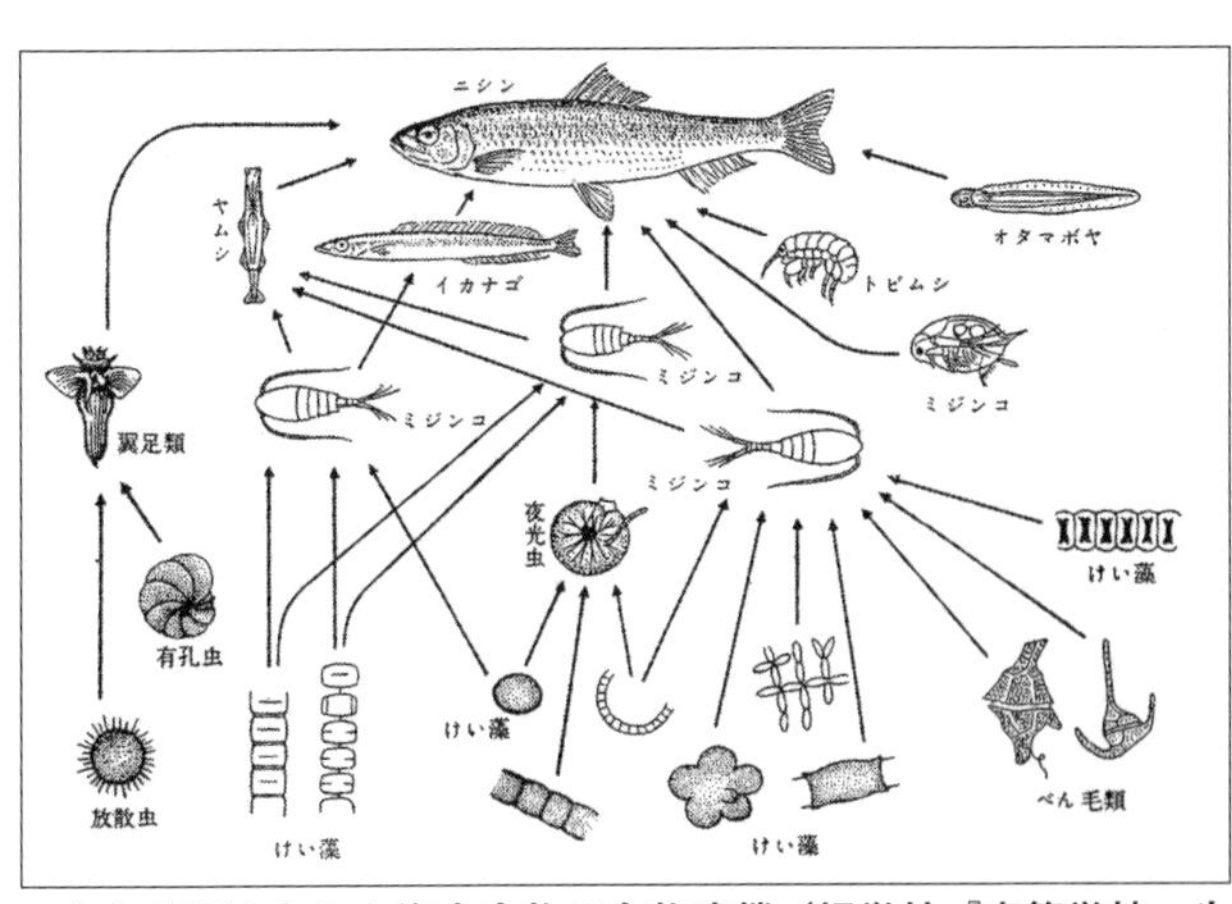

ニシンを頂上とした海中生物の食物連鎖（好学社『高等学校　生物』より）

ニシンの体長ごとの海中生物の食物連鎖

『高等学校　生物』の教科書（東京書籍　昭和41年）にニシンを頂上とした海中生物の食物連鎖について、ニシンの体長ごとに食性を詳しく説明している。

①体長0・6～1・3センチのニシンの食性

ニシンの体長0・6～1・3センチは軟体動物の幼生を食べている。軟体動物の幼生は小形のコウカク類（ケンミジンコの類）を食べている。小形のコウカク類（ケンミジンコの類）はケイソウ、微小なソウ類を食べている。そのほか原生動物やケイソウ及び微小なソウ類を食べている。

②体長1・3～4・5センチのニシンの食性

ニシンの体長1・3～4・5センチは小形のコウカク類（ケンミジンコの類）を食べている。小形のコウカク類（ケンミジンコの類）はケイソウ、微小なソウ類を食べている。

③体長4・5～13センチのニシンの食性

ニシンの体長4・5～13センチはカニ・エビの幼生を食べている。カニ・エビの幼生は小形のコウカク類や原生動物を食べている。小形のコウカク類や原生動物はケイソウ、微小なソウ類を食べている。この時期のニシンはフジツボの幼生も食べている。小形のコウカク類はケイソウ、微小なソウ類を食べている。また、直接小形のコウカク類も食べている。

④体長13センチ以上のニシンの食性

ニシンの体長13センチ以上のものはヤムシ、イカナゴの幼生、腹足類、大形のコウカク類を食べている。この大きさにまで成長すると、第三次消費者のニシンとなっている。ニシンを頂上とした食物連鎖はケイソウ、微小なソウ類からはじまる。微小なソウ類は光合成を行う生産者である。

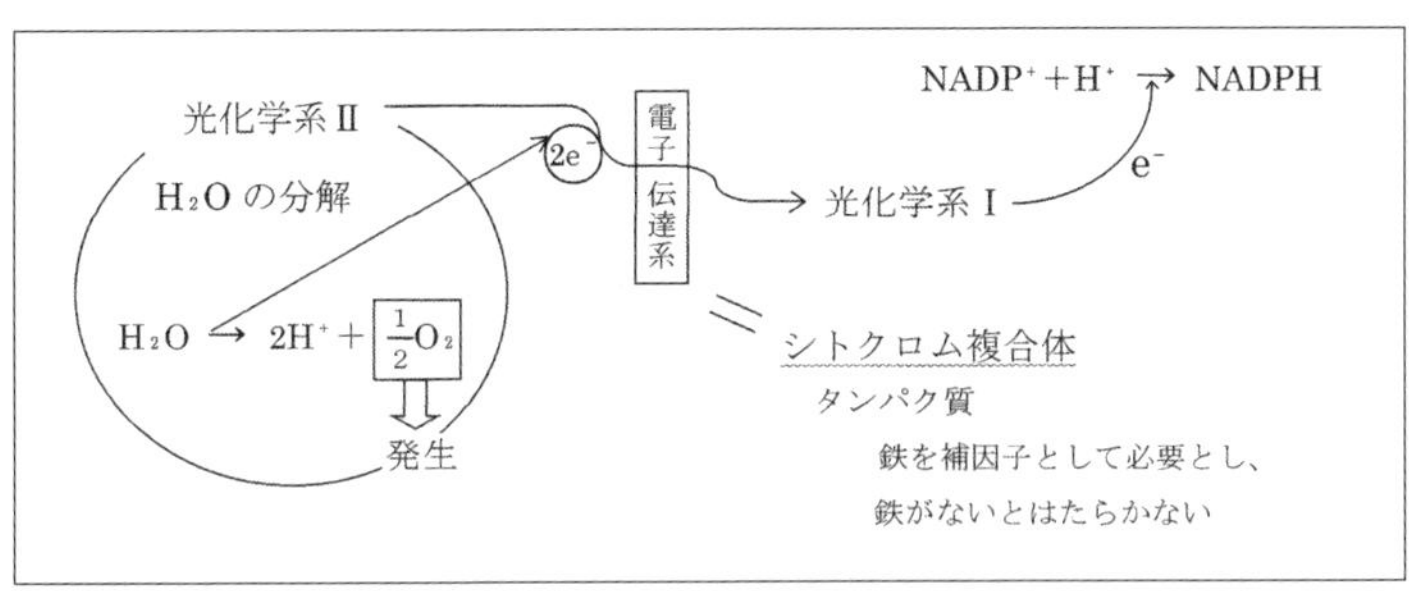

光合成における水の分解とNADPHの生成

海中植物の光合成（フルボ酸鉄の存在）

食物連鎖の出発点は光合成を行っている緑色植物である。

〈光合成のしくみ〉

光のエネルギー＋水＋二酸化炭素→酸素＋ブドウ糖

①緑色植物の体内のクロロフィルに吸収された光のエネルギーが水を酸素と水素イオンに分解し、酸素を放出する。同時に電子を放つ。

②水の分解からできた水素イオンは体内にあるNADPを還元してNADPHに変え、この反応と共役してATPがつくられる。

③ATPのエネルギーとNADPHとで二酸化炭素の固定・還元をして糖を合成する。

伊奈学園高等学校塩原めぐみ教諭の説明によると、NADP、NADPHとはニコチンアミド・アデニン・ジヌクレオチドリン酸のことである。生体内のどこにでも存在する。光合成をする過程で電子と水素の伝達物質としての役割を行う運び屋である。

ＡＴＰはアデノシン３リン酸のことである。リン酸一分子が離れたり結合したりすることで、エネルギーの放出・貯蔵の働きをする。

光合成に鉄が必要なわけ

植物はクロロフィル内でＮＡＤＰ$^{+}$とＨ$^{+}$からＮＡＤＰＨを生成する。この合成に電子が必要である。クロロフィルに吸収された光のエネルギーが水を酸素と水素イオンに分解する時、電子が放される。この電子が光合成に使われる。電子の運び屋がシトクロム複合体というタンパク質である。この特殊なタンパク質は鉄を補因子として必要とするため、鉄がないと働かない物質である。したがって、光合成には鉄が必要である。

森林起源のフルボ酸鉄

松永・他は「森林起源のフルボ酸鉄がコンブやワカメの生長に果たす効果」（日本海水学会誌１９９８）を発表する。その要旨は、ワカメの幼体は〈フルボ酸―鉄〉共存下では〈無定形水酸化鉄〉に比べて三倍も生長が速かった。ワカメによる鉄の摂取速度を〈フルボ酸―鉄〉あるいは〈無定形水酸化鉄〉を用いて測定したが、〈フルボ酸―鉄〉の方が一オーダ速い摂取速度を示した。

落ち葉から微生物の働きで、腐葉土ができ、腐葉土からフルボ酸ができる。詳しく言えば、植物の組織を作っているリグニン（木材、葉）から微生物の働きによってフルボ酸ができる。フルボ酸は不安定な状態であるため、土壌中の鉄イオンと結合しフルボ酸鉄となる。フルボ酸と鉄イオンは強い結合であるが、鉄イオンの状態のまま海へ運ぶのである。この鉄イオンが光合成に使われている。

光合成になぜ鉄を必要としたか

海に藻類やホンダワラなどが生育している。これらの植物の進化をたどるとシアノバクテリアに到達する。このシアノバクテリアは今から二七億年前、光合成を行っていた。光合成の仕組みを持っていた最初の生きものである。シアノバクテリアは海中の鉄イオンを吸収して光合成に使っていた。そして太陽光線のエネルギーを使って二酸化炭素と水を原料に有機物を作り、酸素を放出した。

鉄は地球の構成元素の中で一番に多く存在する元素で、32～40％存在する。地殻では四番目に多く、5・0％存在する。鉄は多様な酸化還元状態になりうる遷移金属で、生体中で触媒反応を行うのに都合がよい元素である。

なぜ、鉄(Ⅱ)イオンを光合成に使ったか。佐野日本大学高校大島浩教諭の鉄(Ⅱ)イオンの化学的特性の説明によると、地殻の中には鉄(Ⅱ)イオン(Fe^{2+})、マグネシウム(Ⅱ)イオン(Mg^{2+})、カリウム(Ⅰ)イオン(K^{+})、カルシウム(Ⅱ)イオン(Ca^{2+})が多く存在する。鉄(Ⅱ)イオンはマグネシウム(Ⅱ)イオン、カリウム(Ⅰ)イオン、カルシウム(Ⅱ)イオンより多く存在する。鉄(Ⅱ)イオンは他の三つのイオンに比べてイオン半径が小さく、海水から細胞膜内に取り込みやすい元素である。また鉄はイオン化傾向が小さいので、細胞小器官にバクテリオクロロフィルとして定着しやすいようである。

海水中に多くあった鉄(Ⅱ)イオンを、シアノバクテリアが最初に光合成に使うようになったようである。シアノバクテリアから簡単な藻類へと生活に優位な光合成の機能は受け継がれた。その後、植物は高等植物へ進化すると共に、光合成の機能も受け継がれていった。

魚付林の役割

魚付林(うおつきりん)とは

漁師たちは魚群探知機がない時から海の魚が集まる場所を経験的に知っていた。魚が集まる場所の海岸近くには森林があった。この森を目印に魚を獲ってきた。魚を寄せるための機能を持った森が近くにあった。そのために漁民たちは海岸近くの森林を守って来た。森林の中に、神社を立てたところもある。そのような森林を魚付林という。科学的に明確な根拠はわからなかった。しかし、感覚的に森と海のつながりを知っていた。

森林の機能

海を豊かにする森林の機能としては、

①山に木を植えて土砂の流出を防止して、安定した河川型を造る。

②河川の水量が多くなり、海に豊かな水を供給する。

③栄養物質、無機塩類を海に提供する。

等である。

平成元年から行われている「森は海の恋人」の活動では、岩手県一関市室根町矢越の太田山に木を植えている。「森は海の恋人」の活動も認知されてきた。最近は気仙沼湾のカキも順調に漁獲されている。ニシンで栄えた北海道厚田でも、厚田川の源流を守ることが漁業を守ることにつながるとの認識で、地域をあげて植樹している。

海に栄養分を豊富に含んだ川の水が流れ込み、光合成も盛んに行なわれている。まず、海藻や植物プランクトンである生産者を確実に増やすことが大切である。

森と水生昆虫

水生昆虫とは

昆虫と言えば陸上の生き物の代表である。水辺や水の中にも昆虫はいる。ゲンゴロウ、アメンボ、タガメなどは水の中で生活する昆虫である。

ゲンゴロウやガムシの一生の生活史は、卵、幼虫、蛹（さなぎ）、成虫になり、一生を水の中で過ごす。カワゲラ類やトビケラ類は幼虫時代を水中で過ごし、成虫になると、陸上に出る。このように生活の一生を水の中で過ごす虫及び幼虫時代を水中で過ごす虫をまとめて水生昆虫と呼んでいる。

また、釣りの好きな人は渓流の石の表面や石と石の間で生活しているカゲロウ類、カワゲラ類、トビケラ類をさがして餌として使っている。

気仙沼市・大川と石狩市・厚田川の共通点

「森は海の恋人」の活動の舞台であり、カキの生産で有名な気仙沼湾に流れ込む大川の河口付近には水生昆虫が多く生息している。北海道石狩市厚田区（旧厚田村）はニシンの生産高が高いので有名である。この厚田の海に流れ込む厚田川の河口付近にも水生昆虫が生息している。

大川、厚田川とも河口付近の礫や小石を引っ繰り返すと虫のようなものがいる。芋虫のような体型で、体色は黒色、頭部は細長く馬面のものがトビケラである。体が黄色で背腹に扁平で、全体として弱々しいものがカゲロウである。体は鮮やかな褐色で、背腹に扁平で堅く丈夫なのがカワゲラである。赤褐色の硬板で体がおおわれた、川のギャングのような強そうな虫はヘビトンボである。これらの水生昆虫が網にびっしりかかる。

二つの川の共通点として、川の上流に住む人や漁民が山に木を植えてきた点があげられる。植えた木は成長し、森は再生した。これらの河川には水生昆虫が多く生息し、河口付近にもカゲロウ類、カワゲラ類、トビケラ類が見られる。特長として、上流に生息する水生昆虫が河口付近まで生息している。大川と厚田川の上流から下流まで、川の水がきれいな証である。

水生昆虫の食べ物

水の中で生活する水生昆虫のエネルギーの源は陸上からの落ち葉、落ち枝や水生植物である。森の木は、秋に美しく紅葉するとやがて枯れ葉や枝は川にも落ちる。この落ち葉や枯れ枝が水生昆虫の栄養となる。水中の落ち葉の表面には微生物が付着する。微生物は水中の栄養分も吸収する。この落ち葉を引きちぎって食べている水生昆虫が、トビケラやカワゲラ、ガガンボである。晩秋の頃、渓流の落ち葉を見ると、葉脈だけになったカエデが多くある。ガガンボの幼虫はカエ

破砕食者であるガガンボ（Tipula adbominalis, 双翅目）に食われて葉脈だけとなったサトウカエデの葉（Cummins,1974）

デを好んで食べる。繊細な葉脈のどこにも破れ目はなく、まるで急流にもまれて葉肉だけが洗われたようである。石の表面には藻類が生育する。この藻類をはがし、あるいは刈り取って食べているヤマトビケラやヒラタカゲロウ、ドロムシなどが生活している。

藻類は二酸化炭素と水から光エネルギーによって有機質を合成し、光合成を行って成長している。光合成の過程で酸化還元酵素のシトクロム複合体が作用する。このシトクロム複合体は鉄を補因子として必要とし、鉄がないとはたらかない物質である。したがって、光合成には鉄イオンが重要なはたらきをしている。地上の落ち葉は腐葉土になる。そして、腐葉土からフルボ酸が生成され、周囲の鉄イオンと結合しフルボ酸鉄となり、水の中を移動する。フルボ酸鉄は不安定な状況の結合で、環境によって鉄イオンを離す。藻類は水中に溶けている鉄イオンを吸収して光合成に活用している。したがって、藻類の生長のためにも落ち葉が必要である。また、水生昆虫にとって、落ち葉や枯れ枝が大切な餌や住み家である。

水生昆虫の生活

①コバントビケラ

川の淵のよどみのところには落ち葉が厚く堆積している。その落ち葉の中に、落ち葉をかみ切って造った巣がある。二枚の葉片を合わせた巣を造り生活している。

②コカクツツトビケラ

山地渓流の落ち葉の堆積しているところに生息している。落ち葉、木の枝を使って、角すい形の巣を造る。一見、枯れ葉のくずが水中にあるようだ。

③ヒゲナガカワトビケラ

幼虫は洪水で5～10キロも流されても気温、風力、風向、早朝、夕方のよい時を見計らって成虫になり、流された分を上流へ飛んで戻る。途中休憩しながら、三～四日で12キロ程度遡上する。休む時に小鳥に食べられないように、近くの森の木の葉の裏側に止まり休憩する。

④ムラサキトビケラ

幼虫は、落ち葉を切り、らせん状につなぎ合わせて長さ40ミリの巣を造る。成虫は後翅にむらさき色の部分がありきれいで大形のトビケラである。

⑤オオヤマカワゲラ

幼虫は渓流の瀬、砂礫石の下、石の間に生息し、水中の落ち葉を引きちぎって食べている。体表には鮮やかな黄色の斑紋がある。

⑥ヒラタカゲロウ

幼虫は石の表面で生活する。石の面に付着する藻類を食べている。

⑦ヘビトンボ

孫太郎虫とも呼ばれる。子どものカン薬として使われている。また、食べると、健康になると言われている。今で言う健康食品である。

水生昆虫の働き

今後、山地の植樹がどんどん進められると水生昆虫の餌も増えて、水生昆虫も増える。また、水生昆虫は幼虫時代に多くの有機質を食べるので、川の水を浄化するはたらきをする。山に木を植える活動が、水生昆虫にとって住みよい環境になるだけでなく、水資源の確保、海の生産性の向上、生物の多様性にもつながる。森に木を植えることによって、すべての生き物の生活が始まる。生物の進化の視点から考えても森に木を植えることが地球環境保全の原点である。

汽水

石狩から増毛までの日本海へ石狩川、厚田川、濃昼川、毘砂別川、浜益川、群別川、幌川、暑寒別川、箸別川などの多くの河川が流れ込んでいる。そのほか、高い岩がけから滝も落ちている。

山からの地下水も日本海へ流れ込んでいる。淡水と海水が混じり合ってできた、塩分濃度の薄い水を「汽水」と言う。この汽水域は豊かな漁場である。特に北海道周辺の海は豊かな汽水域である。
　汽水について、語源やいつ頃から使用されたか不明確な点が多い。

国語辞書に載っている汽水

　汽水を岩波書店の『国語辞典』で調べてみた。どこを探しても「汽水」は掲載されていなかった。次に小学館の『漢和辞典』で調べてみた。「汽水」とは〈サイダー、ラムネ〉と掲載されていた。サイダー、ラムネとは炭酸水のことである。大修館書店の『大漢和辞典』も調べてみた。「汽水」とは〈川の名であり、山海經に川の名称として汽水という川がある。ラムネ〉とある。新潮社の『新潮日本語漢字辞典』には、〈海水と淡水が混じり合ってできた塩分濃度の薄い水、河口や内海などの水域に多くある。汽水湖〉とあった。

国立国語研究所・島根大学汽水域研究センターの回答

（1）国立国語研究所
　国立国語研究所に電話で汽水の語源について尋ねた。研究所で調べるとのことで一週間後再び電話する。

〈回答〉

①汽とは、訓で「ほどほど」である。音で「ゆげ、水蒸気、水の蒸発」の意味と詳しく説明していただいた。

②中国では汽水は「川の名」で使っている。山海經に載っているとのことだった。もう少し具体的に情報がほしかったので、どの地方ですかと尋ねたら、教えていただけなかった。

③「汽水」という言葉が中国から日本へ入ったのは、いつ頃ですかと尋ねたら、「わからない」との回答だった。汽水が日本で使われた時期についても、いつ頃ですかと尋ねたら、詳しい説明はなかった。昭和31（１９５６）年、動物学会で使うようになったと説明された。国会図書館で日本動物学会の会誌を調べてくださいとの回答があった。

国立国語研究所から汽水の語源について明確な説明は得られなかった。

（2）島根大学汽水域研究センター

島根大学汽水域研究センターは、汽水域の自然・人文・社会環境の研究等及び汽水域に関する総合的かつ学際的な研究センターである。「汽水」の起源についての回答は、調査中であった。どのような人がどのような経緯で「汽水」を使うようになったか、全く不明の状況であった。

国立国語研究所・島根大学汽水域研究センターとも「汽水」の起源について明確な説明は得ら

れなかった。

日本の教科書における汽水の扱いについて

汽水の「汽」について、文部科学省は小学校学習指導要領（2008年8月）の学年別漢字配当表第二学年一六〇字の中に「汽」を位置づけている。したがって小学校第二学年で汽船の読みを学び、第三学年までに汽車、汽船の漢字を学ぶ。「汽水」という言葉については小学校・中学校で学んでいない。汽水については「高校生物基礎」ではじめて学ぶ。学習内容はマングローブ林を教材として取り上げている。マングローブ林は、熱帯から亜熱帯地域の海岸や河口の汽水湖（海水と淡水が混じり合う水域）の沿岸に、帯状に分布する森林であると説明している。小・中学校で汽水について学習していないので、大学生や大人でも汽水の意味を知らない人が多い。

湖沼学、地理学、陸水学に記載されている汽水

（1）田中阿歌麿の汽水についての記載

田中阿歌麿は陸水学会初代会長である。日本の湖沼の形態と水の化学的成分を「湖沼學」に、日本ではじめてまとめた。田中阿歌麿は『湖沼の研究』（新潮社　1911）において「湖沼の水の浅い場合には、其底の泥を採って其れをいろいろに利用する途がある。鹹水の湖沼にあって

は其水の中から盛んに食鹽を製する。」と述べ、「鹹水」の語句を使用している。また、田中阿歌麿は『趣味の湖沼學』（実業之日本社　1922）において「湖の水の化學的諸性質のうち、湖の水の化學的成分即ち湖水中に溶在せる物質には、固形物と瓦斯との二種がある。抑々湖の水には大體淡水と鹹水とあり、淡水湖は即ち有口渚水の水、鹹水は無口清水の水である。海岸附近の淡水湖で海洋との間に不完全なる聯絡ある爲、海水を供給せられるので多少の鹹味を含んで居る様なものは特に汽水湖と云うのである。」と述べ、「汽水湖」の語句を使用している。

（2）吉村信吉の汽水についての記載

吉村信吉は地理学が専門である。特に湖沼を扱った研究が多くある。日本及び満州の一六八湖からの検水を分析し、湖沼の化学的成分を明らかにした。

吉村信吉は「湖水の簡便化學分析法」（水産研究誌　1930）において「海水の汽水湖の如く鹽分を多量に含む水ではその為飽和量が減ずるからこの補正を要する。」と述べ、「汽水湖」の語句を使用している。また『湖沼學』（三省堂　1937）に「海水の汽水湖に湖水よりも高鹹又は低鹹の注入水が入れば、湖の底水は高鹹化、表水は低鹹化される。」とあり、「汽水湖」の語句を使用している。

(3) 上野益三の汽水についての記載

上野益三は陸水生物学の草分けの学者で水生昆虫の分類と生態に関する論文、著書も多くある。

また陸水の分類も行った。

上野益三は『陸水生物學實習手引き』（岩波書店　1932）において、チーネマンが行った陸水学の体系の中で地球上の陸水の分類の紹介、異常な温度の水並びに特別な化学成分の水（半鹹水又は本邦には稀であるが、内陸なる鹹湖などが…）を記載する。この中で「半鹹水」と「鹹湖」の語句を使っている。また、「半鹹水は河口等で鹽分の多少によって生物の分布に變化があって興味が深い。」と記載する。『陸水生物学概論』（養賢堂　1935）において「内陸に於ける鹹湖或は河口等の半鹹水（Brackish water）がある。」と記載する。「日本の汽水特に潟湖の生態學的研究」（1943）において、「潟湖、河口等のような、汽水即ち半鹹水域は、海水混合の割合により、その含有する鹽分の濃度を異にしてゐる。従って、それに適應した各種の生物が棲息し、生態學上頗る興味の深い陸水である。」と述べている。

上野は、Redeke がオランダの汽水をその塩分濃度によって上記の

Cl promille		
< 0.1	淡　水	
0.1 — 1.0	低鹹水	汽　水
1.0 — 5.5	中鹹水	汽　水
5.5 — 10.0	中鹹水	汽　水
10.0 — 17.0	多鹹水	汽　水
> 17.0	海　水	

Redeke が行った塩分濃度による「汽水」の分類

図のように分類したことを取り上げた。
上野益三は「我邦の汽水に就ては未だ適切な分類が試みられてゐない。」と指摘する。

（4）津田松苗の汽水についての記載

津田松苗はトビケラ類の分類と生態を研究する。津田は昭和12（1937）年から昭和14（1939）年までミュンヘン大学に留学し、Reihaed Demoll 教授から陸水学について指導を受け近年都市の膨張、工業の発展による河川の汚染の研究を深めた。さらに、産業の発達や人口の増加に伴い、工業排水や家庭排水による河川の汚濁が生物の生息に影響してきた点を上げた。津田は研究を深めて、日本ではじめて、川の水質汚濁と生物について生物学的水質判定を行った。

津田松苗・御勢久右衛門は昭和29（1954）年に吉野川の水棲動物の生態学的研究を行い、中部ヨーロッパの魚類学者や漁師達が用いている五河川区域を参考にして、吉野川を四つの河川区域に分類した。

〈中部ヨーロッパの河川型〉

1　Forellenregion　ヤマメの類
2　Aeschenregion　サケ科の魚
3　Barenregion　コイ科の魚

4　Brachsenregion　コイ科の魚
5　Brackwasserregion　河口近く、潮汐の影響のある区域
〈吉野川の河川型〉
1　アマゴ域
2　オイカワ域
3　コイ域
4　汽水域
「Brackwasserregion」を津田・御勢は「汽水域」として明示した。

汽水の語源の陸水学史に記載された時期

（1）田中阿歌麿、吉村信吉が「汽水湖」を記載した年
田中阿歌麿は『趣味の湖沼學』（実業之日本社　1922）の中で、「海岸附近の淡水湖で海洋との間に不完全なる聯絡ある爲、海水を供給せられるので多少の鹹味を含んでいる様なものは特に汽水湖と云うのである。」と記載している。海岸付近の淡水湖で海洋との間に不完全につながっている。海水がわずかに入るために多少の鹹味を含んでいる様なものを特に「汽水湖」とした。
吉村信吉は「湖水の簡便化學分析法」（水産研究誌　1930）の中で、湖水水質分を説明す

る。「酸素水中に溶存する海水の汽水湖の如く鹽分を多量に含む水ではその為飽和量が減ずるからこの補正を要する」と説明している。

（2）上野益三、津田松苗が「汽水域」を記載した年

上野益三は『陸水生物学概論』（養賢堂 1935）において、半鹹水（Brackish water）を記載する。その後も「Brackish water」の英語は半鹹水として使っていた。また「日本の汽水特に潟湖の生態學的研究」（1943）において、Redeke（オランダ）が行った汽水の塩分濃度での分類を紹介する。上野益三は昭和14（1939）年から日本の汽水特に潟湖を研究した。本篇で日本海沿岸汽水の底棲動物を略報している。昭和14年9月下旬、兵庫縣の西北部を北流して日本海に注ぐ圓山川の汽水域を研究し「汽水」の語句を記載する。

レマネ、シュリーパー（1958）は、汽水の生物学鹹度0・5—45％までを汽水とした。

津田松苗は昭和12（1937）年から昭和14（1939）年までミュンヘン大学に留学し、その時 Reihaed Demoll 教授から汽水域（Brackwasserregion）の指導を受けた。

上野益三は、鹹水の分類の中で「汽水」を使っている。津田松苗は生態学の中で「汽水域」を使っている。

（3）中国における汽水

中国には塩水の湖も多く存在する。塩水の湖のことを漢字の「鹹」を使って「鹹湖」と言っている。塩を含んだ水を「かん水」と言う。「かん水」の「かん」に「鹹」を当て、「鹹水」とも漢字で記している。また「鹹水」のことを日本では「天然ソーダ水」とも言っている。一方中国では、「鹹水」である「天然ソーダ水」に「汽水」を当て、天然ソーダを日常生活で「汽水」と言っている。「鹹水」と「汽水」は天然ソーダ水という共通の意味を表している。もともとは塩を含んだ水のことである。したがって、「汽水」のもとをたどれば、「鹹水」である塩水のことになる。「汽水」とは塩水の湖での水のことを意味している。これが「汽水」の語源であると考えられる。

日本では、田中阿歌麿が大正11（1922）年、「湖沼學」で多少の鹹味を含んでいるようなものを特に汽水湖とした。その後、陸水学の分野で上野益三は塩を含んだ水を「鹹水」と書いていた。上野は日本の汽水域にある海岸の潟湖を研究し、昭和14（1939）年初めて陸水学に「汽水（Brackish water）」を明確にした。

Ⅳ　石狩地方沿岸部の地形・地質及び河川の水生昆虫

北海道はひし形で西側に日本海がある。日本海側の北端に稚内があり、西側の海岸線はほぼ中央まで南北に直線である。さらに南下すると小樽で西に伸びる積丹半島があり、その南には函館市がある渡島半島がある。

北海道西側の中央部に北から増毛・浜益・厚田・石狩がある。増毛と浜益との間に雄冬岬がある。雄冬岬を南下すると逆C字状に湾が形成され、石狩湾がある。増毛・浜益・厚田・石狩の間は海岸まで山が接近し、人を寄せ付けないところである。特に雄冬岬は、山岳地形の険しいところで道路もできず陸の孤島であった。しかしわずかな平らな土地を活用し、漁業が盛んな港町であった。

増毛・浜益・厚田・石狩の山々から、多くの川、小渓流、滝が石狩湾に流れ込んでいる。厳しい地形のために人の手が入らない状態の自然が残る。川、小渓流、滝には多くの種類の水生昆虫が住み世代を繰り返している。しかも生息する個体数も多い。水生昆虫は、安定した河川の生態系の一員となっている。

日本海から厚田の地形・地質を調べる

北海道はひし形で西側に日本海がある。約二五〇〇万年前の日本海は、ユーラシア大陸の東の端にできた湖であった。約一五〇〇万年前に湖の近くで大陸が割れ、日本海と日本列島ができて、ユーラシア大陸と樺太の間に間宮海峡もできた。その時、湖に海水が流れ込んだ。新生代第四紀更新世の終末、二万年前頃には完全に大陸から離れてほぼ現在に近い地形となったようだ。

石狩湾の海

北海道西側の日本海は稚内沖から幅広く、礼文島、天売島の西沖を取り囲むように大陸棚（200メートル等深線）がある。海底は岩でごつごつしているようである。大陸棚は天塩川沖で約70キロ、石狩市沖は約54キロである。石狩湾には大陸棚の外側に深度805メートルの石狩海盆がある。そこは、海を流れてきた細かい泥や生物の死骸などが海底にたまった平らな地形となっていて、豊かな漁場が広がっている。

日本海は潮汐調整が小さく潮流も弱い。したがって河口域で鉛直混合を起こす乱れの力も弱く、河川からの水は海に入ると海面に薄く広がる。その下は透明な日本海の海水である。太陽光が届き、植物にとって育ちよい漁場となっている。

樺太とロシアの東端に位置するプリモルスキー沿岸州との間に間宮海峡がある。間宮海峡の北端にはロシア側からアムール川が流れ込む。間宮海峡にはリマン海流が南に流れている。アムール川の栄養分はリマン海流とともに厚田の海の沖合まで流れている。

石狩市から増毛町までの海岸線は山地や丘陵が迫っている。山地からの湧き水は山間部を流れ、流域に栄養分を供給し海へ注ぐ。海水と山からの水が混じり合ってできた水を汽水と言っている。河口付近は平地で形成され、海の生産性も高いために人々が住んでいる町が所々に存在する。厚田周辺の日本海沿岸を海から見ることにした。

厚田港から北上する

最近の厚田の海はどうなっているか。厚田区在住で漁師の上山稔彦氏に船上から見る日本海沿岸の調査について相談した。上山稔彦氏は石狩湾漁業協同組合理事、日本水難救済会北海道支部厚田救難所々長、北海道指導漁業士などの要職を兼ね、日々船に乗って漁業を行っている。上山氏は「厚田の安瀬地区の沖は海底に岩が山脈のように出ている。また、海岸は断崖であり、特に大沢河口付近の海に船で近づくには、海が静かな時でないと危険である。」と話した。海が静かな時に厚田の海岸と安瀬山を海から船で案内していただけることになった。

平成26（2014）年6月28日、上山氏から「海が静かなので厚田地区から浜益地区の海や海岸の調査に行きたい」との連絡があった。私はすぐ準備して厚田港へ行った。船は上山氏が所有する第二一昌栄丸を使用した。上山氏の息子で高校一年生の上山千娑紀君も調査に協力することになった。上山氏が操縦する第二一昌栄丸は私と上山千娑紀君を乗せて厚田港を出港し、日本海を北上する。海は穏やかで、雲一つない素晴らしい天気であった。

厚田の地質

まず、厚田の山が見えた。小高い山がつらなり、海岸近くの地表面は崩れて、地肌が現れているところもあった。地殻変動により、隆起した山地が自然の厳しさで削れたようだ。平らな地表面は砂礫でその下の層に砂岩・泥岩があり、この層の下に火山角礫岩が堆積している。火山角礫岩は火山岩塊を多く含む火山砕屑岩が堆積したものである。山地に降った雨は地下水となり、火山角礫岩の中を流れて日本海に入っている。

大沢をのぞむ

安瀬（やそすけ）地区には家が点在し、海岸の所々に港もある。人家は砂礫混じりの堆積物の上に建っている。また、礫を取り除いた土地に野菜を作っている人の姿も見えた。

海から海岸の遠方を見ると標高654メートルの安瀬山がそびえている。全体的に樹木で覆われている。所々岸壁から水がしみ出ている。厚田区の海岸線に沿っていた国道二三一号は、安瀬で滝の沢トンネルに入った。船でしばらく進むとV字形をした空間が見えた。これが大沢である。大沢河口は陸路では近づけないところである。船で近づける限界まで行き、船上から大沢を調査する。河口から20メートルぐらいの大沢の右岸は護岸工事がされている。水量は浮き石が見えるぐらいである。大沢の傾斜は12〜13度でかなり急である。船上から見る大沢は周

日本海から厚田の山（中央の沢が大沢）を見る

囲を緑色の樹木で囲まれ、発達したV字形の山地渓流型で風格がある。

厚田の海から安瀬山を見て、大沢の北側で約100メートルの崖の中腹に、黒く六の字に見えるところがある。厚田の漁師たちによると、崖の中腹の六の字を目印に沖に網を建てると魚がよく獲れた。昔大沢の沖は千石場所と言われた。他の地域でニシンが獲れなくとも、この場所だけはいつも大漁だったようだ。

大沢及び厚田川から流れ出た水は、地球の自転により日本海沿岸を北上する。海岸線は北北西に湾曲し、鷲岩その先には雄冬岬が日本海に突き出ている。大沢の沖は北上する海流も一時緩や

かになるところである。大沢の沖の海底は大きなズブ（岩のこと）が林立していて、海流の流れを弱めている。

大沢周辺の自然環境

安瀬山を日本海側から見ると大きく赤く見える露頭が所々にある。露頭を覆っていた岩は風化して崩れている。海底には、溶岩が枕状溶岩となり、その上に崩れ落ちた岩石が堆積している。したがって、大沢の沖の海底は岩が林立している。そこに、栄養分を含んだ大沢及び厚田川の水が入り、しかも海底にある溶岩、安瀬山から崩れてきた岩石からも栄養分が海水に溶けている。植物プランクトンの繁殖条件が整っている。

大沢の周辺は魚付林で豊かな樹木が茂っている。大沢はニシンの餌となる栄養分を海へ運んでいる。大沢の沖は植物プランクトンも多く、魚にとって隠れ場もあり、多くの魚類が集まっている。さらに北上すると、国道二三一号は滝の沢トンネルから一時出るが、すぐ大島トンネルに入る。大島トンネルは海岸線まで高い岩がけの中に設置されている。高い岩がけは緑色の樹木に覆われている。木が生えていない岩がけで壁の表面に白色の部分が点在する。上山氏に訪ねると、カモメの糞とのことである。カモメは厳しい自然環境の中で安住なところで体を休めている。

大島トンネルの北口あたりから北側の海岸は赤い岩で形成されている。赤い岩はがけ岩となり海岸まで高くそびえている。国道二三一号は再びトンネルになる。上山氏は赤く見える岩なので「赤岩」と呼んでいる。トンネルの名称は「赤岩トンネル」である。

「赤岩」を調べる

マグマが冷えて固まってできる岩石を火成岩と言っている。地下深いところで冷えて固まってできる岩石は深成岩である。マグマが地表近くまで運ばれ、地表や地表付近で冷えて固まってできる岩石は火山岩である。中間の岩石を半深成岩と言う。

厚田の人々は安瀬山の日本海側に大きく赤く見える岩を「赤岩」と言っている。この岩の表面は風化して赤色である。落ちた岩石の表面は琥珀色に風化している。吉田健一氏（放送大学非常勤講師）がこの岩石をハンマーでたたいて中の組織をルーペで見ると、表面から3・5ミリまでは全体的に赤褐色である。3・5ミリから中は黒灰色の角閃石が全面にあり、黄色の黄鉄鉱、白色の雲母が点在する。この岩は半深成岩の仲間でひん岩である。なお、ひん岩を構成する造岩鉱物には、雲母、角閃石が多い。

雲母、角閃石を化学式で表すと、

雲母は　$K(Mg,Fe,Mn)_3(OH.F)_2(Al.Si_3O_{10})$

角閃石は　$(Ca,Na,K)_2(Mg,Al,Fe^2.Fe^3)_5(Al,Si)_8O_{22}(OH)_2$

である。

R.a.Daly（１９３３）の火成岩の平均化学組成によると、ひん岩には酸化鉄Ⅲ（Fe_2O_3）と酸化鉄Ⅱ（FeO）を合わせると、6・46～7・56％であり、二酸化ケイ素（SiO_2）、酸化アルミニウム（Al_2O_3）に次ぎ三番目に多い。構成元素は鉄が多い。赤い色の岩石の表面は、長い間風化や塩水による化学変化などが原因で酸化分解され褐鉄鉱に変化し、遠方から見ると赤褐色に見える。この岩を「赤岩」と呼んでいる。

厚田港から南下する

北上した船は濃昼川を見て厚田港に戻る。さらに南下する。「あつたふるさとの森」のある陸を見ると地表面に泥岩があり、その上に礫混じりの堆積物がある。その下の層は緑色の礫が多くなる。さらに下の層は鮮新世当別層のシルトで、塊状無層理の灰色の岩相柱状である。ここまでの層が海面上に表れている。厚田から嶺泊までの海岸はニシンの群来が見られるところである。ニシンが産卵場所に使う豊かな藻場がある。

上山氏の説明では、海の中の植物はホンダワラ、スイガモ、コンブ、ギンナンソウ、テングサが多く茂る。特にコンブが多く茂り、コンブを食べているアワビは、コンブの生えている中に侵入して生活するためにアワビが獲りにくい。冬季になると石にのりが多く付着する。のりはスサビノリ、ウップマイカなどが多い。

厚田の海は年間二〇〇日濁っている。したがって、3メートル以下は光が入らず植物は少ないようだ。

石狩地方の河川・河口に生息する水生昆虫

昔からニシンの獲れる場所は決まっていた。その周囲には大小の河川があり、それらはすべて清流で、奥地には自然の山林がうっ蒼としていた。清流はニシンの稚魚の成長に欠くことのできないプランクトンの発生をもたらす。海にそそぐ清流は大切な役割を担っている。そこには、多くの水生昆虫が生息している。

水生昆虫の知名度と水質判定

厚田川で水生昆虫を調査していると大人が寄ってきた。私が川の虫を調査していると話すと、その人は不思議そうな顔をして川の中を覗いた。私は川の中の石をひっくり返して石についている虫を網ですくった。網一面に多くの虫が捕れた。カゲロウ類、カワゲラ類、トビケラ類がほとんどである。厚田川にこんなに多くの虫がいることに驚いた。大人は水生昆虫をはじめて見たと感動した。川の中の虫について、ゲンゴロウやヤゴはよく知っていたようだ。送毛地方では、魚釣りに川の虫を餌として使っている。この虫はウジ虫に似て、ヒゲナガカワトビケラというトビケラのなかまである。近くに住んでいる老人はこの虫を餌に使ってヤマメを釣っている。この虫を送毛地方では「カワムシ」と呼んでいる。

カゲロウ類、カワゲラ類、トビケラ類などの水生昆虫は学校で教えていなかった。最近、身近な環境を調べる理科の学習が導入されて水生生物を指標とした川のよごれの調査を行うことになった。平成二八年度使用中学校理科の教科書「自然環境の調査と保全」の単元で、身近な自然環境の調査を学習する。学習内容は身近な川のよごれについて水生生物を指標に使って判定する。水のよごれの程度を判定するのに水生昆虫を使っている。きれいな水に生息する水生昆虫としてナガレトビケラ、ヒラタカゲロウ、ヘビトンボ、カワゲラ、少しきたない水に生息する水生昆虫としてコガタシマトビケラが使われている。水質環境を調べる学習に水生昆虫がはじめて登場するようになった。

石狩湾に厚田川、濃昼川、毘砂別川、浜益川、群別川、幌川、暑寒別川、箸別川などの多数の川が流れ込んでいる。これらの河川の河口付近でも渓流が連続する。しかも川の水面には冬季になると長く深い雪が堆積する。そんな厳しい自然環境であるが、そこにはエルモンヒラタカゲロウ、ヒメヒラタカゲロウ、フタマタマダラカゲロウ、ミツトゲマダラカゲロウ、クロマダラカゲロウ、フタスジモンカゲロウ、ウルマーシマトビケラ、フトヒゲカクツツトビケラなどの水生昆虫が多く生息する。いずれもきれいな水に生息する水生昆虫である。したがって、水生昆虫を指標に使って、水のよごれの程度を水質判定すると石狩湾に流れ込んでいる川の水はきれいな水である。

水生昆虫の生態的部位と河口のすみ場の環境

日本列島は海岸近くまで山があり、河川の勾配は高い。したがって、日本の川は、河川の上・中・下流の形態から比べてみると、外国の川に比べて下流域はきわめて短く、下流域が欠けている川が多い。

河床は川の水深・流速・底質などの状況から一蛇行ごとに淵と瀬がひとまとまりになっている。瀬はさらに平瀬と早瀬に分けられる。淵・平瀬・早瀬は川の構成要素であり、川の単位形態である。河床には沈み石（はまり石）と浮き石がある。沈み石（はまり石）とは、一部分が砂泥にうまっている状態の石を言い、浮き石とは二重三重に重なり合っている状態の石を言う。

（1）淵・平瀬・早瀬・川岸の特徴

「淵」　水の表面に小波が少し立ち、水深は浅くて水底が見える。

「平瀬」　水の表面に縦波が立ち白くなり、水底は見え難い。

「早瀬」　水の表面に大きな波が立って白くなり、水底は見え難い。

「川岸」　水の表面に小波も立たず、水は深く底は見える。

この単位形態のどこかに、水生昆虫や付着藻類などの生物が適応して生息している。河床にある石の周りの流水の動きは、まず上流からの流水は石の面に沿って流れて石の後方に投げ出されるように流れる。石を超えた水は近くの石の空間に逆流するように渦を生じる。そして川床をこする。上流からの水の流れは石に当って、流速が減少する。しかし、石の上端で最も速くなり下方に行くに従い減少する。石の周りの水の動きは、種の分布や個体群の大きさを決定づけている。石の下の場所は流れの速さも穏やかになり食性も豊かで様々な水生昆虫の生息地になっている。

（２）水生昆虫の種類と生活のしかた

カゲロウ目、トンボ目、カワゲラ目、半翅目、広翅目、扁翅目、トビケラ目、甲虫目、双翅目などの多くの水生昆虫が水中で生活している。それぞれ生活の様子が異なる。

河床と水生昆虫の生活形と運動方法で分けると、

「造網型」　分泌絹糸をもちいて捕獲網を作る。

「固定型」　強い吸着器官または鈎差器官をもって他の物に固定している。

「匍匐型」　匍匐する。
「携巣型」　筒巣をもつ。
「遊泳型」　移動の際は遊泳する。
「掘潜型」　砂または泥の中に潜っている。

それぞれの水生昆虫は季節によって確保する空間、生息する空間の広さ、生息する地域などのそれぞれ独自に決めた部位を持っている。礫の表面を使って生息する水生昆虫は種類によってどの礫面を使うか部位が決まっている。競争を減少させる方向に進化して獲得したものである。水生昆虫は自分の制限された範囲で分布の地域を確保している。河川形態と水生昆虫の生活形が適合して、生息が可能となる。水生昆虫は生活史を完成させるために水生昆虫の間で互いにつりあいをとっている。成虫になって空中で生活する水生昆虫もいるので、河川の周辺の自然環境も整っていないと生活史が完成されない。その空間の中で生活が維持され、完結した生活史が形成される。

(3) 望ましい河口環境

渓流で攪拌された川の水は十分な酸素を含有し、河口付近に到着する。河口付近の淵に溜まった水は下部から瀬に少しずつ流れる。瀬はある程度の深さがあり長く続き、水面は小波が立っている。川面はさらさらとした瀬音でせせらぎである。徐々に水深が深くなり流れはゆったりしてくる。きれいな水の先端は海水と混じり合い、海水の波の勢いと川の流れの勢いがぶつかり波ができる。

河口付近の河床は上流から流されてきた有機物や栄養塩類を多く含む。植物の成長に必要な無機塩類も多く含有する。河床の砂や泥の表面に藻類が生育し、水生昆虫も生息する。さらに、有機質を分解する微生物も多く生息する。川の水は河口付近で最後に水生昆虫や微生物によって浄化される。河口付近の礫相の存在が重要である。

ヒゲナガカワトビケラの生活史

ヒゲナガカワトビケラは造網型の幼虫である。造網型の幼虫は石面や石間に固定着の巣をつくり、分泌絹糸で捕獲網をはり流下藻類を捕食する。生息には石礫と適当な流れが必要である。瀬の石礫はもっとも好適な生息場所である。日本列島各地の川の上・中流域の石礫底にすみ、体長は30〜40ミリで大型であり個体数も多い。底生動物の中で現存量が多く、河川の優占種ともなっている。生活史は完全変態で、卵から蛹（さなぎ）まで水生生活、成虫は陸上生活である。幼虫は黒褐色のイモムシ形で、小石の裏側や礫間に小さな石を八〜九個を集め、網を張って粗末な巣をつくり、巣の前に屋根状の捕獲網を張り、水中を流下する藻類やデトリタス（生物体の破片や死骸、これ

ヒゲナガカワトビケラ

らの分解産物）などを食べる。

流速65センチ／秒で、幼虫は１・５〜３・０メートル流されている。洪水の時、流速が２メートル／秒を記録すると、運搬力は６乗倍となり、幼虫は１・１〜２・２キロ流下する。成虫は群飛で交尾後、水面上２〜３メートルのところを遡上飛行する。一回の飛行で２・５〜３・１キロである。三〜四日の間に羽化場所から12キロ程度遡上する。そして、雌は水中に潜り、礫に産卵する。西村は「ヒゲナガカワトビケラの生態」（１９８５）において、野外実験で幅１・８メートルの農業用の透明ビニールシートを本流に張り、遡上を観察した。成虫は透明ビニールシートが障害となり、それを飛び越えないで、迂回する習性があることを確認している。河川の水面上の構造として、川幅の横の空間と水面上３メートルの空間がないと、ヒゲナガカワトビケラの生活史が完成されないようである。流下によって河床の生息密度が少なくなったところへ遡上飛行して、もとの河床の生息密度に戻している。

ヒゲナガカワトビケラの生活史は、河川の石礫の大きさ、形状、礫表面の円磨度、礫周辺の水理量（水深、流速）、周辺の植生、動物相において好適な河川環境が保全されると完成される。森下（１９６１）は屋久島の水系に生息する水生昆虫を調査した。（「屋久島の水生昆虫」）しかし、ヒゲナガカワトビケラは確認できなかった。森下は、ヒゲナガカワトビケラを屋久島の水系に移植すると水系の生産を高めることができると指摘した。

西村は、隠岐などの離島はヒゲナガカワトビケラが生息するに制限される要因が多いと指摘していた。西村は兵庫県関宮の八木川のほとりに住んでいた。少年の頃からヒゲナガカワトビケラやカミムラカワゲラが八木川の水面上を上流へ飛んでいく様子を観察していた。京都大学へ研究に行きヒゲナガカワトビケラの生活史を研究した。ヒゲナガカワトビケラの生活史は西村（1985）によって明らかになった。（『日本の昆虫　ヒゲナガカワトビケラ』）

私は、兵庫県関宮の八木川に生息するヒゲナガカワトビケラとカミムラカワゲラの個体群の生息変動と成虫の遡上飛行で生活史が完成する自然環境について西村から指導を受けた。

水生昆虫は成虫となって、飛んで生活の場を広げる。空間的な広がりを活用して、地理的な広がりを、常に求めている。

石狩湾に流れ込む河川に生息する水生昆虫

（1）カゲロウ目

カゲロウ目は、石狩地方の河川に生息する水生昆虫の中で代表する虫である。背腹に著しく扁平で急流の石の面で生活するに適した体形のもの、紡錘形の体で水中の石に着き水中を泳ぐものや落葉、落ち枝あるいは石の間のゴミの中にいるもの、前肢で砂泥を掘って水底の砂中に埋まって生活するに適した体形のものがいる。幼虫はすべて第一～七腹節側面に単一または二枚の葉状の気管鰓、糸状鰓があり鰓で呼吸している。

カゲロウの幼虫はすべて草食性で石面上や落ち葉の表面に付着する珪藻、緑藻などの微少藻類、水草の破片を食べている。カゲロウの幼虫は魚の餌となる。カゲロウの一生は、〈卵―幼虫―亜成虫―成虫〉である。水中での生活は卵と幼虫の時代である。成熟した幼虫は水面上に出ている礫や植物の枝、葉に這い上がり、脱皮して亜成虫となる。亜成虫は成虫と同じ形態である。しかし、翅が透明でなく亜成虫と呼ばれている。亜成虫は再び脱皮してあわく美しい成虫となる。

〈石狩地方の河川に生息するカゲロウ目〉

①ヒメフタオカゲロウ　②マエグロヒメフタオカゲロウ
③ヒメフタオカゲロウの一種（N１）　④ヒメフタオカゲロウの一種（N２）
⑤ヒメフタオカゲロウの一種（N３）　⑥オナガヒラタカゲロウ　⑦ウエノヒラタカゲロウ
⑧キイロヒラタカゲロウ　⑨エルモンヒラタカゲロウ　⑩タニヒラタカゲロウ
⑪ユミモンヒラタカゲロウ　⑫クロタニガワカゲロウ　⑬キブネタニガワカゲロウ
⑭セスジミヤマタニガワカゲロウ　⑮ヒメヒラタカゲロウ　⑯シロハラコカゲロウ

⑰フローレンスコカゲロウ　⑱ツシマコカゲロウ　⑲タカミコカゲロウ　⑳コカゲロウの一種
㉑フタバコカゲロウ　㉒ミジカオフタバコカゲロウ　㉓ウェストントビイロカゲロウ
㉔トゲトビイロカゲロウ　㉕ナミトビイロカゲロウ　㉖ヨシノマダラカゲロウ
㉗コオノマダラカゲロウ　㉘フタマタマダラカゲロウ　㉙ミツトゲマダラカゲロウ
㉚クロマダラカゲロウ　㉛トウヨウマダラカゲロウ　㉜マキシママダラカゲロウ
㉝クシゲマダラカゲロウ　㉞アカマダラカゲロウ　㉟マダラカゲロウの一種（N１）
㊱マダラカゲロウの一種（N２）　㊲マダラカゲロウの一種（N３）
㊳フタスジモンカゲロウ　㊴モンカゲロウ

（2）トンボ目

トンボ目の幼虫は水中で生活する水生昆虫のなかまである。幼虫はヤゴと呼ばれ、よく知られている。石狩地方の河川にも生息し、地域の人々からも親しまれている。体形は水草に捕まって生活する円筒形のものと、砂泥中に生活する扁平なものがいる。幼虫は肛門から水を吸収し、直腸気管鰓での呼吸または尾端の三個の鰓片で呼吸する。トンボの幼虫は肉食性で、ユスリカやカゲロウなどの水生昆虫や子魚を食べる。トンボの一生は、〈卵—幼虫（ヤゴ）—成虫〉である。水中での生活は卵と幼虫（ヤゴ）である。成長した幼虫は羽化が近づくと水辺の植物や水面に出ている岩の面に這い上がり羽化する。

〈石狩地方の河川に生息するトンボ目〉

①ムカシトンボ　②ヒメクロサナエ　③モイワサナエ　④オニヤンマ

（3）カワゲラ目

カワゲラ目の幼虫は石狩地方の河川のきれいな水域に生息する。体形は円筒形を上下につぶした扁平である。体表はかたく丈夫である。体色は鮮やかな黄色に褐色、黒色の紋様がある。人目に付きやすい水生昆虫である。幼虫の食性は藻類やコケ類を食べているもの、ユスリカ、カゲロウなどの水生昆虫を食べるものもいる。石面の表面、石下石間、淵にたまった落ち葉の中で生活する。幼虫は一年以上水中で生活する。成熟した幼虫は、石面に這い上がり脱皮し羽化する。カワゲラの一生は、〈卵—幼虫—成虫〉である。水中での生活は卵と幼虫の時代である。

〈石狩地方の河川に生息するカワゲラ目〉

①ヨンホンオナシカワゲラ　②アサカワミドリカワゲラモドキ

③アイズミドリカワゲラモドキ　④カミムラカワゲラ　⑤クロヒゲカミムラカワゲラ

⑥モンカワゲラ　⑦キベリオスエダカワゲラ　⑧ヤマトチビミドリカワゲラ

⑨エゾミドリカワゲラ　⑩クロムネミドリカワゲラ　⑪フタモンミドリカワゲラ

（4）半翅目

半翅目の水生昆虫は石狩地方の河川の水域に二種類が生息する。いずれもアメンボのなかまである。半翅目のなかまで渓流に生活する種類は限られている。水面で生活し、水面に落ちてくる虫の体液を吸っている。半翅目の一生は〈卵―幼虫―成虫〉である。幼虫は翅がない。成虫になると翅が生え飛んで移動する。

①アメンボ　②エゾコセアカアメンボ

（5）広翅目

広翅目はヘビトンボ一種類が石狩地方の河川に生息する。しかも河口付近にも生息する。食性は肉食性である。ヘビトンボの一生は〈卵―幼虫―蛹(さなぎ)―成虫〉である。卵と幼虫は水中で過ごす。蛹は陸上の土中、成虫は陸上で生活する。水のきれいな水域に生息する。河口付近の水質環境の指標としても有効である。

①ヘビトンボ

（6）扁翅目

扁翅目のヒロバカゲロウ科は水中で生活する。幼虫の体長は17ミリぐらいで、体形は細長い紡錘形である。小動物や昆虫の体液を吸っている。ヒロバカゲロウの一生は〈卵―幼虫―蛹―成虫〉である。左股川、土湯の沢川の、水の飛沫でぬれている岩の上に生息する。

①ヒロバカゲロウの一種

（7）トビケラ目

トビケラ目は石狩地方の河川に生息する水生昆虫の中で代表する虫である。イモムシの形をした幼虫である。水中の石面上に砂粒をつづって網を張り、その奥で生活するヒゲナガカワトビケラ、シマトビケラなどがいる。捕食用の網で流れてくる水中の微少藻類を食べている。また、植物の葉片、茎片、砂粒などを分泌物でつづって円筒形、四角形などの可携性の巣を持つトビケラもいる。これらは種類によって巣の材料や形態が変化に富んでいる。鰓は気管鰓で腹部または下面に付いている。トビケラの一生は〈卵―幼虫―蛹―成虫〉である。幼虫は成長すると筒巣の口を閉じて蛹になる。蛹の期間は、一～二週間から一ヶ月、羽化が近づくと巣から出て水面から空気中へ飛び立つ。水中での生活は卵と幼虫と蛹の時代である。幼虫は水のきれいな水域に生息し、河川の水質環境の指標としても有効である。

〈石狩地方の河川に生息するトビケラ目〉

①ヒゲナガカワトビケラ　②ヒメタニガワトビケラの一種　③イワトビケラの一種
④ウルマーシマトビケラ　⑤コガタシマトビケラ　⑥シマトビケラの一種
⑦ミヤマカワトビケラの一種（DA）　⑧ミヤマシマトビケラの一種（DC）
⑨ウエノナガレトビケラ　⑩ヤマナカナガレトビケラ　⑪ムナグロナガレトビケラ
⑫シコツナガレトビケラ　⑬ホッカイドウナガレトビケラ
⑭ナガレトビケラの一種（RD）　⑮ナガレトビケラの一種（RB）

⑯ナガレトビケラの一種（R１）⑰ナガレトビケラの一種（R２）
⑱ナガレトビケラの一種（R３）⑲ナガレトビケラの一種（R４）
⑳ナガレトビケラの一種（R５）㉑ナガレトビケラの一種（R６）
㉒コヤマトビケラの一種 ㉓ヤマトビケラの一種 ㉔ニンギョウトビケラ
㉕ツツトビケラの一種 ㉖オンダケトビケラ ㉗コエグリトビケラ
㉘コエグリトビケラの一種 ㉙ウスリーアツバエグリトビケラ
㉚ジョウザンエグリトビケラ ㉛クロモンエグリトビケラ
㉜ニッポンアツバエグリトビケラ ㉝ホタルトビケラ ㉞トビイロトビケラの一種（NA）
㉟コカクツツトビケラ ㊱ヌカビラカクツツトビケラ ㊲フトヒゲカクツツトビケラ
㊳セトトビケラの一種 ㊴ヒゲナガトビケラの一種

（8）甲虫目

甲虫目のなかまは陸上生活するものが多いが、水域で生活する昆虫もいる。石狩地方の河川の水域にもゲンゴロウ科、ミズスマシ科、ガムシ科、ナガドロムシ科が生息する。食性は肉食性で水生昆虫を食べる。甲虫目の一生は〈卵─幼虫─蛹─成虫〉である。水生の甲虫目はほとんどの種類が一生水中で過ごすが、成虫は翅があり水辺から離れることがある。

①シマケシゲンゴロウ ②ヒメゲンゴロウ ③エゾヒメゲンゴロウ ④クロマメゲンゴロウ

⑤オオミズスマシ　⑥マルガムシ　⑦スジヒメガムシ　⑧ナガドロムシの一種（HB）

（9）双翅目

石狩地方の河川の水域に生息する双翅目はガガンボ科、アミカ科、ブユ科、ユスリカ科、アブ科である。体形は細長いウジ虫状で円筒形である。頭部、胸部と腹部からなる。胸脚がなく、擬脚を使って、自由な行動をする。渓流のよどみや急流の石面に生息する。食性は雑食性で水中の沈殿物、腐蝕物、浮遊物を食べる。また、双翅目は魚類の餌となっている。双翅目の一生は〈卵―幼虫―蛹―成虫〉である。

①ガガンボの一種（EB）　②ガガンボの一種（EE）　③ガガンボの一種（HB）
④ガガンボの一種（TC）　⑤ウスバヒメガガンボの一種（AA）
⑥ウスバヒメガガンボの一種（AB）　⑦ウスバヒメガガンボの一種（AC）
⑧ウスバヒメガガンボの一種（PAB）　⑨ウスバヒメガガンボの一種
⑩ミヤマヤマトアミカ　⑪エゾカワムラヤマトアミカ　⑫クジナンヨウブユ
⑬カラフトツノマユブユ　⑭キアシツメトゲブユ　⑮ナガレユスリカの一種（RA）
⑯ブランコエリユスリカ　⑰モンユスリカの一種　⑱ヒメユスリカの一種（FA）
⑲ヒメユスリカの一種（FC）　⑳カユスリカの一種　㉑ナガレツヤユスリカの一種
㉒マルガタアブ

石狩地方の河口に生息する水生昆虫

石狩地方の河口付近は水量が多く、水の流れも激しい。河床は長形10～30センチの礫が多く、浮き石が二重から三重である。特に厚田川の河口は浮き石の構造が四重にもなるところもある。

カゲロウ類、トンボ類、カワゲラ類、トビケラ類などの水生昆虫は卵、幼虫の時代に水中で生活する。成虫になると陸上に上がって生活するので、水中と陸上が一体となった環境で生活史が完成する。このような環境が整った時、水生昆虫は生活ができる。

石狩地方の河口に生息する水生昆虫を生活型で分類すると肢を使って礫の表面上をはう匍匐型は63・2%、分泌絹糸を用いて捕獲網を造る造網型は10・5%、自分で作った筒巣ともに移動する携巣型は5・3%、流水中を泳いで移動する遊泳型は10・5%、河川の渓流の砂礫底を掘って潜んでいる掘潜型は10・5%である。圧倒的に匍匐型が多く、携巣型は少ない。

石狩地方の河口付近に共通して生息する水生昆虫をあげる。

(1) エルモンヒラタカゲロウ

体長10ミリぐらいの中型のカゲロウである。体形は長い卵形で扁平である。肢も扁平である。第一～七腹節の側にある鰓葉は卵形で暗紫色の小さな円点が散在する。石狩地方の個体は本州の個体の特徴である鰓葉の卵形の斑点、頭部前縁の淡色斑紋が同じである。流れの激しい渓流にある円い礫の表面に付着して、体全体が流線型となっている。二本の尾は体のバランスを保っている。

　成虫は日中草むらで生活し、夜によく灯火に集まる。雌の腹部は濃緑色の卵でいっぱいである。成虫になった周辺で生活史を完成させるが、風に乗って上流へ移動し生活圏を拡大する。水のきれいな水域に生息するカゲロウである。

　厚田川の厚田橋、やまなみ橋、二股、藤本前及び発足川、左股川、土湯の沢川、滝の沢、濃昼川、毘砂別川、浜益川、群別川、幌川、暑寒別川、箸別川に共通して生息する。個体数も多い。石狩湾に流れ込む河川及び山地渓流の流れが激しいところの石面に生息する。海岸近くの河川に生息する代表の水生昆虫である。生息地周辺でも生活史を完成させている。

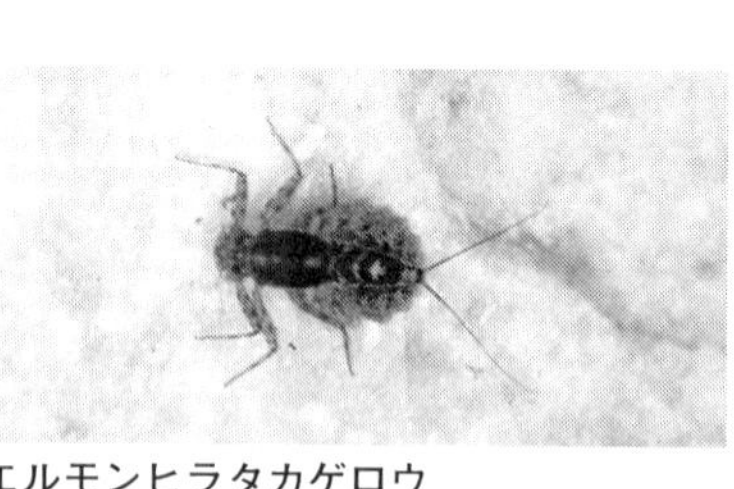
エルモンヒラタカゲロウ

（2）キブネタニガワカゲロウ
　体長7ミリぐらいの小型のカゲロウである。体は背腹に扁平で暗緑色である。正中線上及び腹背の左右に二対の黄色斑紋がある。尾は三本である。頭部は円形で前方に二個の小さい斑紋がある。小さい斑紋が四個の個体もある。普通前胸背の側縁に沿った三つの小斑点があるが、樺太産のものは前方にある二つは融合している。石狩地方の個体は本州の個体と同様に前胸背の側縁に沿った三つの小斑点がある。前胸背の後縁に沿って一対の横紋が現れる。

大沢、濃昼川、毘砂別川に生息する。個体数は多い。河川環境は山地渓流の石礫底である。周辺は樹木が茂るところである。成虫は羽化した周辺でほとんど生活し、生息地周辺で生活史が完成している。大沢に生息する個体は6ミリぐらい、小さい斑紋が四個の個体である。

（3）キイロヒラタカゲロウ

体長10ミリぐらいの中型のカゲロウである。体形は長い卵形で背腹に扁平である。肢も扁平である。第一～七腹節の側に卵形の鰓と糸状鰓が総状である。尾は二本あり、長さ18ミリぐらいで体のバランスを保っている。本州の山地渓流の上流域から源流域に生息する。石狩地方の河口付近の流れの激しい渓流域の礫の表面に付着している。体全体が流線型となっている。

大沢、群別川、幌川の渓流で流れの激しいところの石面に生息する。河口付近でも個体数は多い。石狩地方の河川に生息する個体は、本州の個体と比べると体長は8ミリぐらいで小形である。頭部前縁の中央部にある縦の黒條の幅が広くなる。

（4）ヒメヒラタカゲロウ

体長10ミリぐらいの中型のカゲロウである。体色は暗緑色である。体形は長い卵形で背腹に扁平である。肢も扁平で各肢の腿節前後に暗色帯があり、その間に小さな円紋がある。第一～七腹節の側に卵形の鰓と糸状鰓が総状である。尾は三本である。終齢幼虫の翅芽は黒くなる。

第一対の鰓葉は大形で孔辺状であり、腹面中央で左右相接する。しかも孔辺状の鰓は吸盤の形となっている。したがって、体を上下に動かして腹面と石面との間に一時的に真空の状態を作り、接着の完全度を増している。糸状鰓もよく発達している。石狩地方の河口付近の流れが激しい渓流域の礫の表面で生活する。体全体が流線型となっている。三本の尾で体のバランスを保っている。

厚田川の厚田橋、やまなみ橋、二股、藤本前及び発足川、左股川、土湯の沢川、群別川、幌川の渓流の早瀬及び流れの激しい水域に生息する。個体数も多い。海岸近くの河川に生息する代表の水生昆虫である。生息地周辺でも生活史を完成させている。

(5) フタバコカゲロウ

体長7ミリぐらいの小型のカゲロウである。体形は紡錘形である。体の背面は逆披針(さかさひしん)形で細長い。体色は黄緑色である。尾は体長より長い。肢は細く、先端の爪で礫にしっかりと付着している。また、胸部腹面の中・後ろの中央部にそれぞれ一対の刺状突起があり、礫に付着する機能をもつ。移動は腹部と尾を上下に躍動し、水中を泳ぐ。渓流の流れが激しいところでも生活できる。

厚田川の厚田橋、やまなみ橋及び、発足川、毘砂別川の渓流の早瀬の石の上に生息する。本州に比べて小さく、5ミリぐらいである。

成虫は羽化した周辺で生活し、灯火によく集まる。フタバコカゲロウはほとんどが生息地周辺で生活史を完成させている。

（6）ウェストントビイロカゲロウ

体長8ミリぐらいの小型のカゲロウである。体形はへら形である。肢も扁平である。第一～七腹節の側に披針形の鰓がある。寒地性のカゲロウである。尾は三本で剛毛が生えている。厚田川の厚田橋、やまなみ橋及び浜益川、毘砂別川の渓流の早瀬の石の上に生息する。

（7）ヨシノマダラカゲロウ

体長8ミリぐらいの中型のカゲロウである。体形は円筒を少しつぶした形で、表皮はキチン質で頑丈である。頭部前縁は平らで中央部に切れ込みがある。前腿節の背面に稜線があり少し高くなり、前縁は鋭浅裂状である。腹部背面の第四～七節中央部に一対の刺列があり、腹部背面の水の流れを和らげ後方へ流している。尾は三本あり刺毛と長毛が多数生えている。体のバランスを保ち、水流を体表から流れやすくしている。渓流の早瀬の礫の上に生息し、行動はのろのろしている。

厚田川の厚田橋、やまなみ橋、二股及び発足川、左股川、濃昼川、送毛川、毘砂別川、浜益川、群別川、幌川、暑寒別川、箸別川に広く生息する。いずれも流れの緩やかな場所で生活する。個体数も多い。

（8）フタマタマダラカゲロウ

体長10ミリぐらいで中型のカゲロウである。体形は円筒を少しつぶした形、表皮はキチン質で頑丈でがっちりしている。頭部前縁部に二個の角状突起がある。中央突起の先端部はV字形にくぼむ。体が前方から受ける水流の勢いを分散している。さらに前肢腿節の前縁部は鋭浅裂状で、上面にある顆粒の先端は円形の形態は礫に付着するのに適応している。行動はのろのろしている。

厚田川の厚田橋、やまなみ橋、藤本前、二股及び発足川、左股川、土湯の沢川、安瀬小渓流、送毛川、濃昼川、毘砂別川、浜益川、群別川、幌川、暑寒別川、箸別川に共通して生息する。北海道日本海に流れ込む河川に広く生息する。個体数も多い。河川の海岸にも生息する代表の水生昆虫である。生息地周辺でも生活史を完成させている。

（9）ミツトゲマダラカゲロウ

体長10ミリぐらいで中型のカゲロウである。体形は円筒を少しつぶした形、表皮はキチン質で頑丈でがっちりしている。体色は黄褐色で黒褐色の斑紋がある。腹面は赤色を帯びている。頭部前縁部に強大な角状突起が三個ある。中央の角状突起は体の前方から受ける水流の勢いを分散している。腿節は扁平で幅広く長三角形である。さらに前肢腿節の前縁部は鋭浅裂状であり、上面に先端のとがった顆粒が点在する。前肢脛節の内縁末端は刺状の爪と跗節を保護している。肢は固く、爪が鋭い。この形態は水流の抵抗を和らげ、水流の激しいところでも礫に付着して生活できる。腹部背面の第三～八節の中央部に一対の刺列がある。腹部背面の水の流れを和らげ後方へ流している。尾は三本で細かい毛があり、体のバランスを保っている。

厚田川の厚田橋、やまなみ橋、藤本前、二股及び発足川、左股川、大沢、濃昼川、送毛川、毘砂別川、浜益川、群別川、幌川、暑寒別川、箸別川の早瀬にある礫の上または礫と礫との間にたまったゴミの中に生息する。行動はのろのろしている。個体数は多い。河川の海岸近くに生息する代表の水生昆虫である。生息地の周辺でも生活史を完成させている。

(10) クロマダラカゲロウ

体長8ミリぐらいの中型のカゲロウである。体形は扁平、肢がしっかりしている。横から見ると流線型である。体色は黒褐色で、淡色の正中線がある。尾は三本である。尾の交互節の接合部に剛毛を輪生する。河川渓流の石の下、石の間や落ち葉や枯れ枝に付着して生息する。

厚田川の厚田橋、やまなみ橋、藤本前、二股及び発足川、左股川、大沢、濃昼川、毘砂別川、浜益川、群別川、幌川、暑寒別川、箸別川に生息する。河川の海岸近くに生息する代表の水生昆虫である。生息する環境の周辺は樹木が茂るところである。したがって、生息地周辺でも生活史を完成させている。

(11) フタスジモンカゲロウ

体長20ミリの大型のカゲロウである。体形は細長く円筒形である。体色は黄白色である。頭部前方に一対角状突起がある。腹部第七〜九節の背面に黒褐色の中央縦条と細い倒八字形線紋がある。側縁にオール状の鰓がある。尾は三本で、長毛が密生する。砂泥底に細長い丈夫な大腮を使って坑道を掘り、その中で生活する。坑道の中はオール状の鰓を動かして絶えず水流を作っている。

河川の上・中流域のきれいな水域の砂泥底に生息する。厚田川のやまなみ橋より上流域に生息する。大沢、滝の沢、安瀬小渓流、濃昼川、送毛川、毘砂別川、群別川、幌川に生息する。個体数も多い。石狩湾に流れ込む河川及び山奥の山地渓流に生息する。

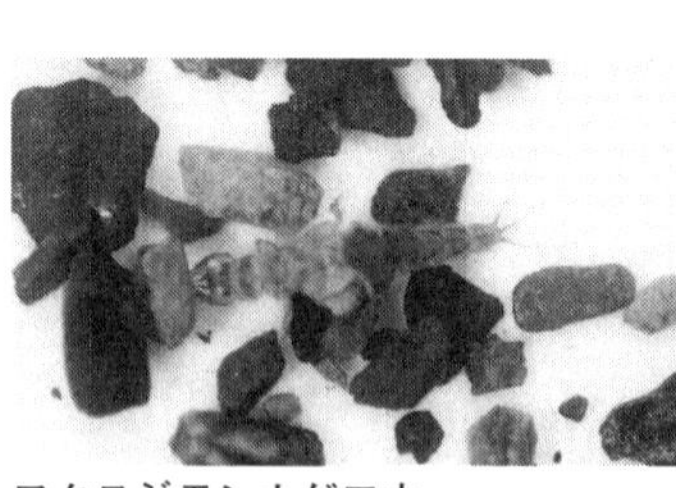
フタスジモンカゲロウ

本種は群飛行動し交尾後、メスはあまり移動せず産卵する。また、河川の水面に樹木などの障害物があっても生活史が完成する。

(12) モイワサナエ

体長18ミリぐらいのトンボである。体形は細身で背腹に平らなサナエトンボである。幼虫は一般に丘陵地や山地の森林に囲まれた少し暗い渓流や湿地、緩やかな流れの河川に生息する。生息する周辺は樹木が茂るところである。成虫は6月中旬から出現し8月中旬頃まで見られる。

生息地周辺で生活史が完成している。

北海道の札幌にある藻岩山で最初に発見されたことから、この名が付いた。日本特産の種である。長野・新潟・栃木・群馬・茨城以北の地域では普遍的に見られる。北海道では普通に見られる。石狩地方では厚田川の藤本前、左股川、発足川、濃昼川、毘砂別川、群別川に生息する。個体数は多い。

(13) カミムラカワゲラ

体長20ミリぐらい中型のカワゲラである。体色は黒褐色で黄褐色のきれいな紋がある。体形は背腹に扁平である。頭部は複眼より前方が黒褐色で、その中に淡色のメートル線が特徴である。河川に生息する最も普通のカワゲラの幼虫である。厚田川の藤本前、二股及び発足川、左股川、土湯の沢川、大沢、毘砂別川、群別川、幌川に生息する。いずれも河川の緩やかな瀬から激しい流れの早瀬まで広く分布し個体数も多い。成虫は灯火によく集まる。

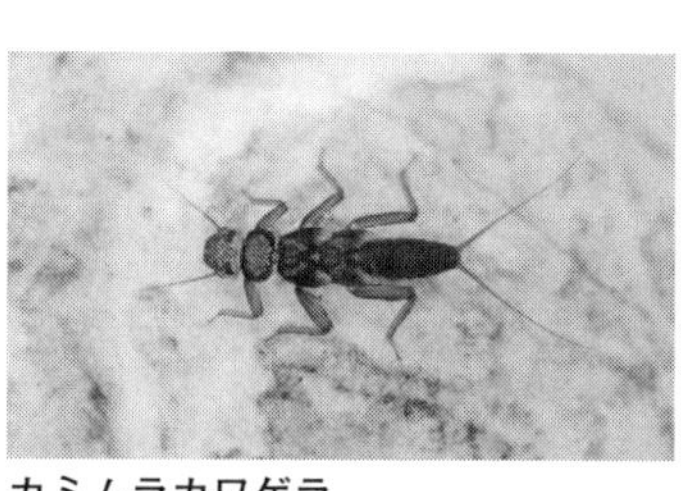
カミムラカワゲラ

本種の生態的特徴は河川の生息密度を維持するために成虫が遡上飛行を行う。飛行の高さは低いもので6~10メートル、高いもので15~20メートルである。河川の水面上の空間が必要である。河川の水面に樹木などの障害物があっても生活史が完成する。石狩地方の河川では

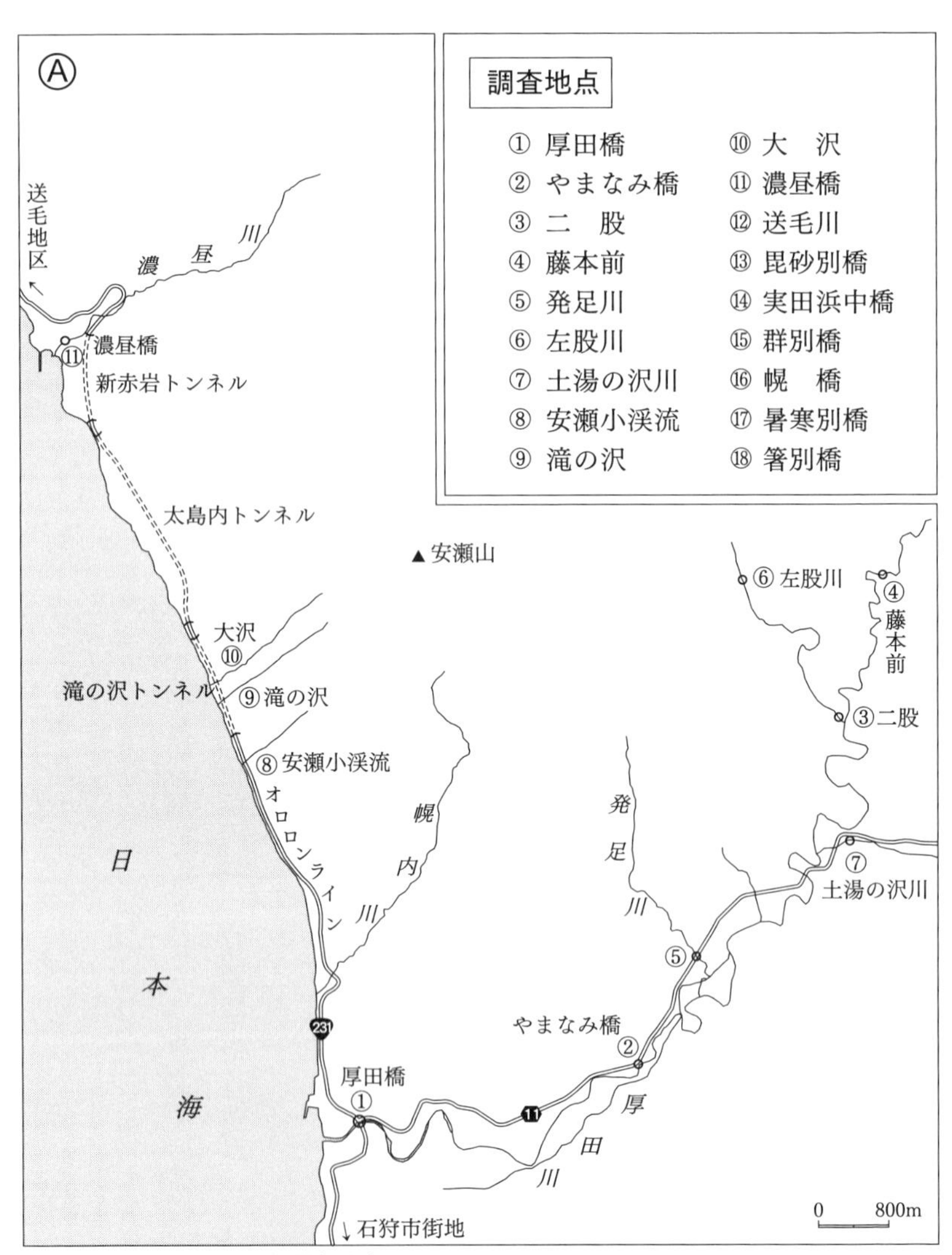

石狩湾に流れ込む河川と調査地点

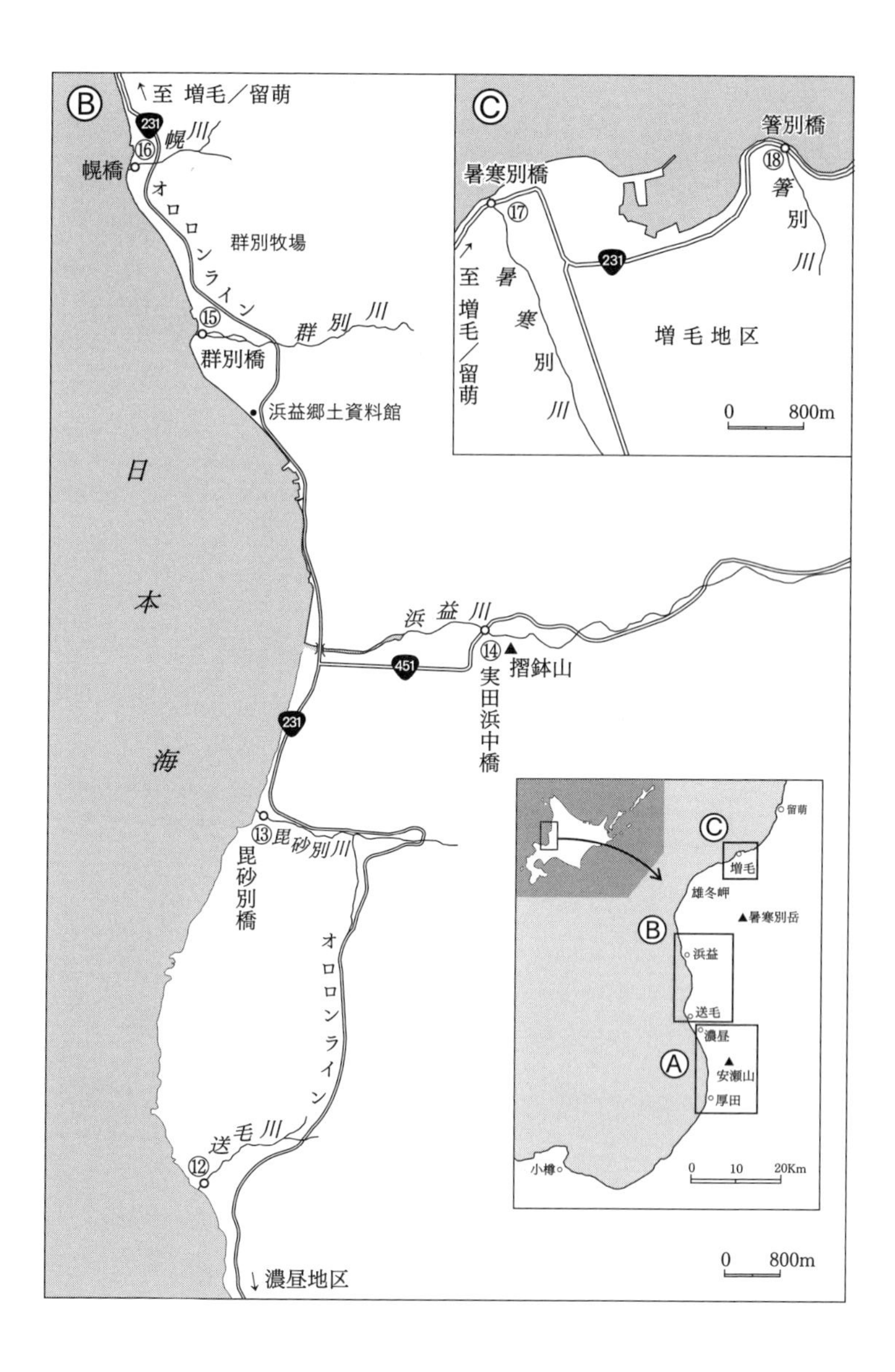

Ⓑ
↑至 増毛／留萌
幌川
⑯
幌橋
オロロンライン
群別牧場
⑮
群別川
群別橋
浜益郷土資料館
日本海
浜益川
⑭
摺鉢山
実田浜中橋
⑬
毘砂別川
毘砂別橋
オロロンライン
送毛川
⑫
↓濃昼地区
0 800m
Ⓒ
暑寒別橋
⑰
箸別橋
⑱
箸別川
↑至増毛／留萌
暑寒別川
増毛地区
0 800m
留萌
増毛
雄冬岬
▲暑寒別岳
浜益
送毛
濃昼
▲安瀬山
厚田
小樽
0 10 20Km

海岸近くまで生息する。

（14）ヘビトンボ

体長60ミリぐらいのムカデに似た虫である。幼虫は全体的に赤褐色である。頭部先端に強力な二本のきばがあり、きばを使って水生昆虫や水生生物を食べる。

ヘビトンボは水中の「ギャング」と呼ばれ、肉食性で水生昆虫の中で頂点にいる生き物である。水のきれいな渓流の石の間で生活している。頭部、胸部はキチン質で濃褐色で光沢がある。腹部の各節の側面に細長い突起があり、総状の鰓もある。三対の強い肢、腹部末端に一対の強い爪がある。これらを使って礫に着実に付着する。尾肢には長い鈎がある。

ヘビトンボ

幼虫は二～三年間、水中で過ごす。そして蛹になるために土の上をはって上陸し、土中に潜って蛹室を作る。その後羽化し、成虫になる。成虫は樹液を吸って生活する。また、成虫はよく灯火に集まる。

厚田川の厚田橋、やまなみ橋、二股、藤本前及び発足川、毘砂別川、浜益川、箸別川に生息する。石狩地方の河川では海岸近くまで生息する。個体数も多い。普通生息地の周辺で生活史を完成させるが、飛行力があり、周辺部や上流へ移動し生活圏を拡大する。

鹿児島県の屋久島では河口付近では採集できない。宮ノ浦川の河口より2キロ付近に生息する。しかし、厚田川、毘砂別川は河口付近でも見られる。

（15）ウルマーシマトビケラ

体長15ミリぐらいの小型のトビケラである。体形は円筒形でイモムシに似ている。体色は黒褐色である。普通山地の渓流、平地の流水に生息する。礫の表面に砂粒や植物片で巣をつくる。その前方に漏斗状の網を張る。雑食性で漏斗にかかる緑藻などの流下物を食べる。流水中で物体の表面に凹凸があれば生息できる。厚田川の厚田橋、やまなみ橋、二股、藤本前及び発足川、左股川、大沢、滝の沢、濃昼川、送毛川、毘砂別川、群別川、幌川、暑寒別川、箸別川に生息する。石狩地方の河川では海岸近くまで生息する。個体数も多く、灯火に集まる。

（16）コガタシマトビケラ

体長12ミリぐらいの小型のトビケラである。体形はイモムシに似ている。本種の特色は頭部前縁の中央部は切れ込み、前胸転節の棘状突起が二叉なところである。また腹部の体色が緑色である。ウルマーシマトビケラと同様に砂粒、植物の破片で巣を作る。平地の河川、水田の間を流れる小溝の流水にも生息する。厚田川の厚田橋、やまなみ橋及び大沢、毘砂別川、浜益川、暑寒別川、箸別川に生息する。海岸近くにも生息する。個体数は多いが、ウルマーシマトビケラほど多くない。成虫は日中、水辺にある樹木や草むらで生活する。夜になると、よく灯火に集まる。また、成虫は夕方から朝までの暗い中、河川の水面上を飛びながら、生活圏を広げている。

（17）ニンギョウトビケラ

体長10ミリぐらいの小型のトビケラである。体形はイモムシで円筒形である。頭部は褐色、前胸部中央に円形の隆起がある。巣は砂粒で円筒形の筒巣である。筒巣の左右両側三～四対の小石を付ける。蛹になると入口に小石を付ける。その形が人形に似ている。厚田川のやまなみ橋及び濃昼川、送毛川、群別川、暑寒別川に生息する。個体数は多い。周辺は樹木が茂るところである。したがって、生息地周辺で生活史が完成している。

（18）フトヒゲカクツツトビケラ

体長7ミリぐらいの小型のトビケラである。体形はイモムシで円筒形である。腹部第七節腹側に気管鰓がある。普通山地渓流の少し標高の高いところに生息する。巣は落ち葉を切ってつづりあわせた角柱形の筒巣である。若令の時は、流されないように小砂粒をつづりあわせた円筒の巣である。筒巣の頭部の方は植物片で、後ろは砂粒である。生息場所は川岸の流れが緩やかな砂泥床で落ち葉などの有機物がある。

厚田川、安瀬小渓流、大沢、濃昼川、毘砂別川、浜益川、幌川に生息する。日本海沿岸の河川での個体数は多い。河川の海岸にも生息する代表の水生昆虫である。生息地周辺でも生活史を完成させている。

(19) ガガンボの一種 (EB)

体長20ミリぐらいの大形のガガンボである。体形は円筒形で肢がない。体色は褐色である。腹部末端に四つの肉質突起の呼吸盤があり、中央部に一対の呼吸孔がある。河川の渓流の砂礫底を掘って、潜んで生活する。運動は敏速で泥土中の小動物、特にユスリカの幼虫を捕食する。成虫は灯火にも集まる。安瀬小渓流、大沢、浜益川、群別川、幌川の渓流の砂礫底で生息する。個体数は多い。島根県隠岐郡島後の八尾川の河口近くにも生息する。生息地周辺でも生活史が完成される。

Ⅴ ニシン復活のための石狩市及び市民の「あつたふるさとの森」への取組

厚田漁港周辺でニシンが多く獲れていた記録を探してみた。厚田で明治24年頃、ニシンが多く獲れた記録があった。漁民たちは豊漁を記念して厚田神社の境内に将来の豊漁と幸福を祈った豊漁紀念碑を明治24年7月に建立した。厚田の海は明治35年頃までハタハタ、タラ、カニもよく獲れた。

その後、北海道のニシンは見られなくなった。一度姿を見せなくなったニシンを復活させるには、人間が手を貸さないと戻れない。

厚田の海岸の地形は、今も昔も変わらない。しかし変わったのはニシンが豊漁の頃、海岸及び山の原生林を切ってしまい、山に木が少ないことである。海の生産性を高めるために、漁民たちは山の木が果たす役割に気付いていた。厚田港近くにニシンの産卵に都合のよい自然環境が残っていた。そこには今でも少し藻場がある。

厚田の人々はニシンの復活を願っていた。そのことを知り、厚田のニシンをよみがえらせる人物が現れた。海の栄養分を作るために市民協働で森づくりをすることになった。

市民協働でニシンが獲れるように厚田の山や海岸近くに木を植えてきた。大変珍しい活動である。

石狩市民の取組

ニシンの復活にかけた人生・牧野健一

北海道の日本海沿岸に厚田という村があった。現在、平成17年10月に石狩市と合併し、石狩市厚田区である。厚田区は札幌の北西の方向約50キロのところにある。厚田へ行く交通手段はバスのみで、およそ90分である。

厚田村は、作家の子母澤寛、宗教家の戸田城聖、大相撲横綱の吉葉山の出身地でもある。昔、ニシンで栄えた村である。しかし、昭和30（1955）年を過ぎてから、ニシンが獲れなくなった。村の人々はニシンが獲れなくなった原因として、ニシンの獲り過ぎやニシン加工に使うために森林を伐採したことをあげている。その原因がはっきりわからないまま、時間は過ぎてしまった。昭和30年以降、ニシンが獲れなくなったことは事実である。

幼い頃の樺太での生活

厚田村の復活と繁栄のために力を注いだ人物が現れる。牧野健一という人物である。昭和15（1940）年7月24日、樺太の敷香町で生まれる。健一の父は秋田県出身で北海道の沿岸を渡り歩き、漁師をしていた。日本海沿岸の雄冬は豊富な漁場であった。しばらく雄冬にとどまった。或る時、兵隊検査で厚田村を訪問した。素晴らしい漁場に感動し、厚田村で番屋、船、網を購入した。その後、健一の父は樺太へ渡り、南樺太北緯50度南方の多来加湾沿岸にある敷香町で漁師をしていた。健一は幼い頃樺太で過ごした。海に行っては魚を獲り、潮だまりに多くのエビが集まることを知り、エビも獲った。大きなエビをたくさん獲った時、夢中になり胸にエビの殻が刺さったこともあった。

牧野家は、終戦を昭和20（1945）年8月20日、町内会からの連絡で知らされた。日本へ帰ることとなった。政府の指導で母親と子どもを優先して日本の北海道や本州へ帰すこととなった。牧野家は母親と長男・健一、妹、弟の四人で帰ることとなり、父親は樺太に残り、様子をみて帰ることになった。

昭和20（1945）年8月22日、第一便の政府の船が大泊港から出港予定であった。この船に当初乗る予定であった。敷香駅から大泊駅まで900キロある。敷香駅から列車に乗り出発したが、途中ソ連軍の進行によって列車は何度も停車し、到着予定を大幅に遅れてしまった。結局、第一便の船に乗れなかった。第一便は出港し、しばらくしてソ連の潜水艦が追跡してきて、北海道留萌沖で攻撃され姿を消した。牧野家が乗った列車は無事大泊駅に到着した。大泊港には引き揚げ者で混雑していた。家族が迷子になると困るので、母親は二人の子どもを抱え、一本のひもで健一を縛り、他方を母親に結んで移動した。そして難なく第二便に乗船し、無事稚内港に入港した。稚内港は引き揚げ者でいっぱいであった。一行は母親の実家のある岩手県宮古に行った。しばらくすると父親も宮古へ来て家族は合流した。

父親は樺太を出る時、仲間とお寺の壁にかかっている天幕で船の帆を作り、夜中霧の中を川崎船（木造船）に帆を張り脱出し、荒波の中一路北海道を目指し、稚内にやっとのことで上陸した。そして家族の待つ宮古へ行き再会を果たすことができた。

北海道、樺太の漁場を見てきた健一の父は、今後家族で生活するのに適したところを考えた。幸い、健一の父は、樺太へ行く前に厚田村に番屋を買ってあった。魚が豊富で家族で過ごすのに最適な厚田村に移住した。

厚田村で暮らす

牧野家は漁師であり、厚田の海が見渡せる厚田村の別狩に住んだ。厚田村の別狩、小谷、青島の日本海は豊かな藻場もあり、魚やカニが豊富に獲れたところであった。別狩、小谷、青島は丘陵地が広がり、原生林で覆われていた。原生林からの湧き水は中島南の沢川、中島北の沢川、石沢の沢川、菊池の沢川に流れて日本海に流れ込んでいる。この丘陵地の原生林は魚付林の役目で素晴らしい林であった。別狩、小谷、青島の丘陵地は原生林で長い期間をかけて自然が作った持続可能な森林であった。林の中にはエゾユキウサギ、エゾシカなど多くの動物も生息していた。牧野は子どもの頃、林の中でエゾユキウサギを追っていた。

牧野健一は、厚田村立厚田小学校、厚田村立厚田中学校を卒業すると、札幌工業高校機械科へ進路選択をした。工業高校は人気もあり、最もレベルの高い学科であった。健一の父は、健一にこれからは漁師にならずに高校へ行き広く勉強するように勧めた。

牧野健一は、札幌工業高校機械科を卒業し、厚田村役場に就職する。役場では教育次長、産業振興課長、総務課長の要職を務めた。

原生林伐採、牧草地へと

昭和58（1983）年、この地に国営による草地改良が施され、酪農放牧が行われることとなった。原生林は切られることになった。牧野は、この地は山や谷で起伏が多くあり、牧草地として適さないと思っていた。しかし、この地に牛を飼うことが本格化した。地主たちは協力し、土地を牧草地にすることになった。厚田の東に位置する発足地区で山の奥に住んでいる人々は、牛の餌としてのデントコーン（トウモロコシの一種で、固いトウモロコシ）の作付けも始まった。運営の主体である会社組織もできた。しかし、事業開始と同時に、乳製品の輸入に伴う外圧によって、牛乳の生産調整が始まり、一〇〇頭規模での搾乳計画が八十頭からさらに六十頭まで制限された。生産量が大幅に減り、経営資金のやりくりがうまくいかず、借金は増える一方であった。役場に就職していた牧野は、この時、力量を認められて産業振興課長に就任、当時の農業協同組合長から、酪農家の経営建て直しを要望された。課長としての仕事始めは、酪農負債整理対策であった。石狩支庁をはじめ北海道庁など関係機関に何度も足を運び、低利な資金の手立てに紛争するが、すでに経営の立て直しは困難を極めていた。会社は草地を手離すことになった。

海を豊かに、原生林再生に向けて

平成4（1992）年、この地に北海道拓殖銀行が資金を出して民間がゴルフ場にする計画となった。この頃、オイルショックで多くの銀行が破綻し、北海道拓殖銀行も破綻した。牧野は厚田の将来のことを思い、厚田村の復活と繁栄はまず、昔のように厚田の海で魚が豊富に獲れ、海が豊かになることを考えていた。そのために、父の漁師の頃を思い出し、別狩、小谷、青島に広がる丘陵地を原生林に戻すことを考えた。幸いこの地区の日本海には1992年頃細々と藻場が残っていた。しかし、現実は林を少しずつ切っている間に、魚や昆布が徐々に獲れなくなっていった。

牧野は役場の職員を辞めて、平成8（1996）年5月に行われる厚田村長選挙に出馬表明した。対抗馬は厚田村の前助役小林秋雄であった。牧野は「別狩、小谷、青島に広がる土地を村有地に買い戻す。その際、木を植えて海を豊かにして、後世へ豊かな自然を贈り物にする」ことを公約とした。村の人々の賛成を得て当選した。牧野は別狩、小谷、青島に広がる土地を安定した林にするために厚田村長選挙に三回立候補し、いずれも当選した。

「あつたふるさとの森」づくりの活動へ

平成16（2004）年4月の村議会で、200ヘクタールの用地を厚田村が取得することを提案した。その提案について、用地取得への反対者は「財政がきびしい時、無駄なことをするな」との意見を述べた。

しかし、牧野村長は、「この地を原生林に戻すことは厚田のさらなる発展につながる。山の水源涵養林としての機能をもつ魚付林を確保する必要がある。自然に返して林として残すことは、厚田の将来に良いだろう。」と説明した。200ヘクタールの用地には、菊池の沢川、石沢の沢川など多くの沢が日本海へ流れ込んでいる。この沢が流れ込むところは魚がよく獲れた。豊かな漁場は山からの水によるものであり、大切にしなければならないと思っていた。

最後に、「厚田の海の魚も減少してきた。厚田の農業、漁業にはきれいな水と豊富な水量が必要である。また、第一次産業の果たす役割は大きい。200ヘクタールの用地は厚田村が取得して山林として保存する」と答弁し理解を求めた。そして平成16（2004）年、厚田村として「あつたふるさとの森」整備計画が策定され、200ヘクタールの用地を厚田村が取得することとなった。

厚田村は平成17（2005）年10月に石狩市と合併し、森の再生は石狩市へ移行された。石狩市の施策名称は「あつたふるさとの森」である。担当は石狩市建設水道部建設指導課都市計画担当課長・魚つき森プロジェクト担当課長清水雅季である。「魚（うお）つき森」という文言が行政に使われている。このことから、「あつたふるさとの森」の施策の重要性が明示された。持続可能な森にするために、森づくりは市民ワークショップによるものとし、「あつたふるさとの森」は着実に進められることとなった。

行政や市民の協働活動へと広がる

平成23（2011）年3月8日、石狩市役所において、厚田地区の伊藤一治石狩市議会議員の紹介により、私は石狩市田岡克介市長と「厚田のニシン復活のための環境づくり」について懇談会を行った。

内容は、

①なぜ、海を豊かにするために、山に木を植えるか
②厚田川の特色
③厚田地区の地質
④海のプランクトンを増やす方法

などである。そして、田岡市長から「ニシンの泳ぐ森」という森の計画ネーミングをいただいた。市長は厚田のニシン復活のための環境づくりとして山に木を植えることに関心を寄せてくれた。

平成25（2013）年度「取組方針検討会」で市民ワークショップの一環として地域住民、団体、森林ボランティアが「森づくりの方針」を策定した。

これを受けて、市は「あつたふるさとの森」の理念として「厚田区のシンボルとなる杜」、「ニシンの群来を導く杜」「都市住民との交流の杜」に決定する。

具体的には、「あつたふるさとの森」づくりは、市民協働で取り組むことで、自分たちの森として大切にする。そのために菊池の沢川に沿って「魚つきの森ゾーン」、中島北の沢川の上流部に「水辺ビオトープ」を造る。

市が先頭に立ち、森づくりのための意見交換を繰り返し行ってきた。これらの内容を受けて、「あつたふるさとの森」の事業実施に向けて市から構想図が示された。構想図について地域住民

と意見交換を行う。意見交換の主なものは、「森づくりの期間を決めておいた方が協力は得やすい」、「タイムスケジュールの作成の必要性」、「広い土地の中でそれぞれ植樹を担当する団体を決める」などである。

「あつたふるさとの森」に植える苗木の提供はニトリが行っている。そして、北海道石狩振興局、石狩湾漁業協同組合、石狩市、あつたの森支援の会「やまどり」、厚田小学校、厚田中学校、石狩市子ども会育成連絡協議会が植樹に参加し、「あつたふるさとの森」の植樹は順調に進められてきた。

ニシンの生息環境も次第に整い、厚田の海に群来（くき）（ニシンは産卵期になると、ホンダワラなどの海草が豊富な浅い浜辺に集まり、メスが卵を産み付けてオスが放精する。この産卵行動で海面が白濁すること）も見られるようになった。二度とニシンが獲れなくなることを繰り返さないために石狩市民、地域住民、団体、森林ボランティアはもとより、北海道の人々、日本及び世界の人々が「あつたふるさとの森」の植樹に参加する。ニシンの生息する環境を維持することは人の責任である。そうすることがやがて、私たちの暮らしを支えることになる。

今の厚田について

平成28年6月24日、牧野さんに話をうかがった。今の厚田について牧野さんは、

・ニシンが獲れるようになった。
・藻場が繁殖してきている。魚の種類も多い。「あつた港朝市」も軌道にのってきた。
・ホタテの養殖事業も軌道にのってきた。
・サケ、コンブも順調に獲れている。
などの感想を述べている。
　これからの厚田のためにお願いしたいことについては
・自然の資源を大切にした海の世界を作る。そのためには、私たちの仕事として環境保全に努める。
・厚田は札幌に近い。農業、水産物を大事にして札幌市民の食料を支える。
・厚田の人たちには自然を大事にして、派手でなく安心した生活を望む。
などを話していた。
　私は取材を通して、牧野健一氏は、
・地域の課題に耳を傾け、地域のことをよく知っている。
・判断力、口調がよく、話す内容が理解されやすい。
・聡明な頭脳、組織の中で、計画や策略を立てることができる。
・課題を解決する的のよい先見性に優れている。地域の信頼がある。
などに優れている人物であることを強く感じた。

石狩湾漁業協同組合副組合長・理事との懇談

持続可能なニシンの漁獲のために

石狩湾漁業組合上山稔彦理事との懇談を平成25(2013)年6月23日から重ねてきた。

(1) 石狩湾のニシン漁業

北海道厚田漁業組合のニシンの漁業区域は、海岸線で石狩川河口から濃昼まで、沖は海岸から5000メートルまでの区域である。各漁業区域で決めている。平成8(1996)年からニシンの稚魚を毎年25トンから30トンを放流してきた。個体数に換算すると二〇〇万匹である。

ニシンを獲る網は、大きさ151メートル(長さ)×6メートル(深さ)で、網の目の大きさ60ミリ以上のものを使う。この刺し網を船で引いて漁業を行っている。最近話し合いをして網の目の大きさを75ミリまたは76ミリに変更した。漁獲の時期は毎年1月10日から3月25日までの75日間である。ニシンの一年間の水揚げは1200~1500トンと決めている。

厚田漁業組合の指導のもとに毎年群来が見られるようになった。平成28年3月体長31センチの七年目のニシンを捕獲した。石狩湾のニシンは確実に自然増殖している。

厚田漁業組合の漁獲内訳はニシンが四割、サケ・ホタテが四割、二割がそのほかの魚である。

群来　石狩市厚田区沿岸部約４キロの海が乳白色になった。
北海道新聞（平成27年１月27日朝刊）

近頃、海の水温の変化、海水の濁りによる色の変化が激しいと指摘する。

（２）漁民たちの活動

漁民たちは持続的なニシンの漁獲を得るために山に木を植えて、海を豊かにする活動を行っている。厚田川のダム設置は後世へのリスクが大きいので作らないことで共通理解している。

厚田川河口付近の川には平瀬がなく、水路は川岸に寄っている。川の河口付近を平瀬にするとサケの遡上や産卵が見え、その方が観光に利用できる。私は平瀬にすることも一つの方法だと提案したが、一部の漁民の共通理解が得られず、河口は従来のままである。反対の理由は川に生息する植物や動物が死ぬからである。私は、植物や動物が生息していたところから一時的にいなくなるが、自然はすぐに元に戻るから差し使いないと説明した。

（3）群来

厚田湾の海岸は磯焼けがなく、厚田川の河口から南の古潭の海岸に藻場が残っていた。

上山稔彦氏は石狩川、厚田川の水質影響がよいことや地質環境を指摘する。石狩湾漁業協同組合、石狩市、あつたの森支援の会「やまどり」、厚田小学校、厚田中学校、石狩市子ども会育成連絡協議会の植樹やニシンの保護活動の成果により最近、この地域の藻場は広がっている。この藻場にニシンが産卵のために大群で押し寄せて雄が雌の産卵に合わせて精子を出すために海が白く濁る現象である「群来」が、平成24（２０１２）年3月以来、毎年見られている。

最近の漁業の仕事

①厚田の漁業のために魚を増やす取組を行ったことで、安定的な収入が得られるようになってきた。

②現在、魚の漁獲の量はかつてのピーク時の中低程度である。

③地域の発展として地域の産業を振興し、「森が育てる魚」のブランド化を目指す。

上山稔彦氏の自然観と教育観

厚田は山や海の自然の食べ物が多くあり、食うに困らないところである。また昔から米と魚を食べると頭がよくなると言われていた。学校でよく学習した子どもは希望を持って自分の人生を切り開いていけた。

学校教育については、中学校教育は部活動重視でなく教科の力を付ける必要がある。学力の向上、特に基礎学力がないと仕事をやっても、先をみた判断が難しい。結局、現在の仕事が、行き詰まった時、何をやったらよいか判断が難しくなる。

上山稔彦氏は漁民で山のこと海のことをよく知っていた。自然を生態学視点でみる自然観を持っている。また、会話をしていると漁民であるが自然科学者の雰囲気があった。

上山稔彦氏と息子・千娑紀君（平成25年6月23日）

頼もしい少年が現れる

石狩市漁業組合上山稔彦理事との懇談（２０１５年10月16日）の中で後継者の育成の話になった。厚田小学校の上山千娑紀少年が平成22年度「青少年に夢と希望を」作文コンクール石森延男作文に応募した。表題「僕の将来の夢」である。

「僕の将来の夢」

厚田小学校　上山千娑紀

僕の将来の夢は、お父さんのような力強い厚田の漁師になることです。

小さい時からいつもお父さんの働く様子をみていました。番屋で網を編んでいたり、朝早く海に出てたくさんの魚貝類をとってきたり、朝から夕方まで一生懸命に働いていました。二年生の時にお父さんといっしょに漁に出て網をあげると、にしんやカレイなどの魚がいっぱいとれた時のうれしさは今でもよく覚えています。

六年生になった五月から六月まで、僕は毎日、お父さんと一緒に定置網漁を手伝いました。朝の四時に厚田港を出て、網を仕掛けている沖まで船で向かいます。網をあげると、マメイカ、マス、さよりなどがぴちゃぴちゃとはねます。

網を引っ張って魚をとり、また網を戻して、六時には港にもどります。その後、僕は学校へ行く準備をしますが、お父さんは港にもどりとってきた魚貝類をふくろにつめたり、かごに入れて、朝市に出したり、冷凍庫や冷蔵庫にしまっています。

厚田港の朝市には、僕のお父さんが上山水産という店を出しています。お店はお母さんが中心となって、たこ、さけ、ます、ハタハタ、まめいかなどの新鮮な魚貝類を札幌などから来る多くのお客さんに提供します。お客さんが、満足そうな顔をして帰る様子をみると、僕の心も満足いっぱいになります。これからも、お父さんに網の直し方や、船の操縦、ロープなどの結び方を教えてもらい少しでもお父さんの技術に近づきたいと思います。

夢がかない、将来、僕が厚田の漁師になれたとしたら、今ある四隻の船を五隻、六隻と増やし、にしんやさけなどの魚をいっぱい水あげし、朝市で一番安く売り、たくさんのお客さんを喜ばせたいと思います。

お父さんに負けない漁師となって、八十才ぐらいまで海に出て、魚をとり続けたいと思っています。これから、中学校に進学し、勉強や部活動など、今まで以上に頑張らなくてはならないことがありますが、僕は、お父さんと同じ道を歩みたいと思っています。

この作文は見事「作文コンクール石森延男」の最高賞を受賞した。上山千娑紀少年は上山稔彦氏の息子であり、父親は大変喜んでいた。

厚田で漁業にかかわっている人々との懇談

厚田の人々は、ニシンが獲れなかった苦しい生活を二度と経験したくない。厚田振興のために、みんなで協働して行動を起こしたい願望がある。ニシン復活のために懇談会を開催することを伊藤氏にお願いした。

厚田支所、漁業組合などの十一名の方々と

厚田支所、漁業組合と調整を図り懇談会が平成24（2012）年6月24日に実現できた。懇談会の表題は「大熊先生との懇談会」となった。

参加者は、上山稔彦（漁師兼組合理事）、上山尚美（漁師兼組合女性部長）、中井寿美子（厚田区女性部長）、中村美登里（女性部員）、伊藤一治（市議会議員）、小林和悠（厚田区森林ボランティア）、笹本泰利（石狩市役所）、高橋たい子（厚田小学校長）、榎本正美（加須市役所）、尾山忠洋（石狩市厚田支所）、澄川典弘（石狩市役所）である。伊藤一治議員の司会で懇談会が進められた。

自己紹介の後、

①なぜ山に木を植えて海を豊かにするか
②山に木を植える活動のリーダーの存在の必要性
③鉄イオンが増えることによって海の生産性が高まる
④スチール缶の効果的利用

などについて懇談を行った。

石狩市の取組

田岡克介石狩市長との出会い

厚田川の調査を、平成23年6月16日から6月20日に行った。6月18日夕方石狩市議会議員伊藤一治氏と厚田支所笹本泰利氏が戸田旅館に懇談に来た。森は海を豊かにするという話題になった。伊藤氏の話によると、田岡石狩市長は以前から森と海のかかわりに大変関心を持っていた。田岡石狩市長へ謹呈として『気仙沼湾を豊かにする大川をゆく』の本を伊藤氏に渡した。

早速伊藤議員は市長と会い本を渡した。伊藤議員から平成23年6月20日に連絡があり、もう少し話が聞きたいから、午後市役所に来てほしいとのことである。その日、午後の飛行機で埼玉に帰るので実現できなかった。市長は時々東京に行く機会もあり、その時会うこともできるとのことで石狩市東京事務所と連絡をとることになった。

田岡市長からの手紙

数日後市長から手紙が届いた。

〈手紙の内容〉

拝啓

石狩の地にも少しばかりの暑さがやってきました。此の度、厚田区の伊藤市議より貴書をお届けいただきました。ありがとう御座居ます。「森は海の恋人」の舞台まったく同感の至りです。

ご承知の通り、厚田区小谷の海にニシンが群来て二、三年たちます。市では海に面する市有地約200ヘクタールの森林化計画を進め市民協同事業としてNPOを主体とする取り組みが行われています。

森の計画ネーミングは「ニシンの泳ぐ森」としました。これから概ね五年から十年計画で二〜三万本の植樹を行います。

1、市民主体
2、森づくりの意味
3、生命に係る海と陸との関係
4、コミュニケーションの場
5、子どもの学習環境
6、企業メセナとは
7、情報発信と記録

市民ワークを大切にしてまいりたいと思っています。

先生の著書に水生環境の大切さと運動、調査の紹介例を幾つもあげられております。機会がございましたら、改めてご挨拶を願いたいと存じます。とりあえず、ご献本賜りありがとう御座居ます。暑くなっております。お体をお大切に。

草々

大熊光治様

平成23年6月24日

石狩市長　田岡克介

私は田岡石狩市長から心のこもった手紙をいただき大変驚いた。石狩市のために、昔ニシンが獲れて潤ったようにニシンの復活を願っていることを強く感じた。また人や地域を大切にすることに感動した。礼状を出して早期の再会を期待した。

平成23年7月、北海道石狩市東京事務所が開設され、加藤光治氏が初代所長に着任する。田岡克介石狩市長が東京出張の時に、事務所でお会いできるように加藤光治所長にお願いした。田岡克介市長はたびたび東京出張があったが、多忙で日帰りの出張のため、事務所でお会いすることは実現できなかった。

群来の調査で石狩市へ　そして石狩市長との懇談会

平成24年3月6日から3月9日、石狩市へ群来の調査へ行く。伊藤氏と市長との調整で、8日に石狩市長と懇談会を行うことになった。竹内良雄埼玉大学講師が同行した。

人は海、山の資源を限りなく活用してきた。海の栄養は益々不足している。最近、人は山と海の関係を認識してきた。そして、海を豊かにするために、山に木を植えることを感覚的に行っている。厚田の海のニシンを豊かにする方策について懇談した。

石狩市の出席者は田岡克介（石狩市長）、白井俊（石狩市副市長）、伊藤一治（石狩市議会議会運営委員長）、澄川典弘（石狩市企画経済部農林水産課林業・水産担当課長）、尾山忠洋（石狩市厚田支所長）、笹本泰利（石狩市厚田支所地域振興課産業振興担当主査）であった。

懇談会資料

厚田のニシン復活のための環境づくり　（平成24年3月8日）

はじめに

地元の調査から

・厚田地区の人はみんなで協働して行動し、厚田を何とかしたい。

・小・中学生とも一緒に活動したい。特に小学生。
・「ニシンの泳ぐ森」のスローガンを常に発信し、地域の運動にする。
・看板等。
・やさしいことを継続して行う。難しいことを行う傾向がある。市民は取り組みにくくなる。

1　なぜ、海を豊かにするために、山に木を植えるか。
　最近、科学的な根拠が明らかになってきた。その根拠は、地表に落ちた落ち葉はやがて腐葉土になり、腐葉土からフルボ酸ができる。フルボ酸は鉄イオンと結合する。そしてフルボ酸鉄の状態で移動する。植物はこのフルボ酸鉄の鉄を吸収し、光合成に使っている。したがって、鉄イオンが不足すると植物は成長できなくなる。海のプランクトンを増やすことは海の生産性を高めることにつながる。
・食物連鎖
・植物プランクトン→動物プランクトン→小動物→大型の動物
　スタートは、植物プランクトンである。植物プランクトンは光合成で成長する。光合成は、二酸化炭素と水で光エネルギーを使い、でんぷんと酸素を作る。この時、鉄イオンが必要になる。したがって、海の鉄イオンを増やす必要がある。厚田湾に入る川の水の中に鉄イオンが含まれている。そのために厚田川の環境保護が必要となる。

2　厚田川流域の特色

・厚田橋付近の厚田川の水生昆虫

・厚田橋付近とやまなみ橋付近の厚田川の水温

〈平成22（２０１０）年9月8日の調査〉

厚田橋付近の水温16度　　やまなみ橋付近の水温16・5度

〈平成23（２０１１）年6月17日の調査〉

厚田橋付近の水温17・6度　　やまなみ橋付近の水温21・1度

下流の厚田橋付近の水温が低い。

3　厚田地区の地質

厚田川の流域の地質は砂岩、泥岩からなり、砂岩は石英を含む。下部は海緑石を含む凝灰角礫岩、凝灰質砂岩、海岸砂質泥岩、凝灰岩からなる。厚田、浜益の海岸はデイサイト質の溶岩、火山角礫岩、玄武岩である。これらの化学組成は鉄が12％である。

4　海のプランクトンを増やす方法

（1）環境教育としての取組（厚田小学校）

厚田地区での植樹／厚田川の水温の測定／水生昆虫の調査／水の透明度の調査

（2）発酵魚粉を海に入れる

発酵魚粉に鉄鋼スラグと植物の堆肥を混合したものを砂浜に埋めた。現在、増毛の海はコンブ、ホンダワラなどの海藻が増えている。

（3）スチール缶の利用

スチール缶を横につぶし、十分加熱する。缶のコーティング剤を焼き、これを網袋に入れて海に設置する。鉄がイオンになり、海中に遊離し植物プランクトンや海藻に吸収される。

（4）鉄炭ダンゴ

竹炭に鉄分を混ぜ、それを粘土と混ぜてダンゴにして焼いたものを海にまく。鉄がイオン化し、植物プランクトンや海藻に吸収される。

「海の環境が整えば、必ずニシンは戻ってきます。」を最後のことばで懇談会を終了した。

石狩市議会で取り上げられた「あつたふるさとの森」

平成25（2013）年、石狩市議会第三回定例会で伊藤一治石狩市議会議員は「あつたふるさとの森」について一般質問を行った。伊藤一治氏は石狩市厚田区発足に居住している。発足地区は厚田川の上流の河岸段丘に位置し、広く原生林で覆われていた。伊藤一治氏は入植三代目である。祖父は秋田県から発足に入植し、ニシン漁や日雇い人夫の仕事をした。父は田畑十町を開墾した。伊藤一治氏は十五町に広げ、厚田村議会議員も担っている。石狩市と平成17年合併に伴い、現在石狩市議会議員である。地元を代表する議員で「あつたふるさとの森」づくりを先頭となって活躍する。

伊藤一治議員の「あつたふるさとの森」についての一般質問と答弁

平成25（2013）年、石狩市議会第三回定例会における伊藤一治氏の「あつたふるさとの森」についての質問と答弁を、質問①と答弁②の形式で概略を紹介する。

（1）仮称「厚田ふるさとの森」の実現に向けて地域関係団体の要望の質問と答弁

①厚田地区のふるさととなる森を再生したい、地域の思いがどのように反映されるのかについて

②厚田区自治連合会、地域協議会、漁業協同組合、北商工会、森林組合、森林ボランティアの方々が参加する「厚田ふるさとの森」取組方針検討会議を開催し、意見交換を鋭意進めている。森づくりの取り組みに地域の思いを反映する。

（2）仮称「厚田ふるさとの森」づくりのスケジュールに関する質問と答弁

①ワークショップ後から現在までの取り組みと、今後のスケジュールについて

②森林ボランティアや子ども会に御協力いただき、植林を継続的に実施している。北海道の治山事業を導入した森づくりも実施してきた。11月下旬には取り組み方針案を取りまとめ、来年1月初旬から一ヶ月間、パブリックコメントを実施し、2月下旬には市としての取り組み方針を策定し、この取り組み方針に基づき、事業化を目指す。

（3）仮称「厚田ふるさとの森」づくりの実施期間についての質問と答弁

①この事業を何年間で実施しようと考えているかについて

②事業期間は、毎年継続的に市民植林などを実施して、じっくりと時間をかけ森づくりを進めていく手法や、補助金や民間資金等を活用した事業により、スピード感を持って整備する手法などを実施する。

一般質問の最後に

最後に伊藤一治議員は森づくりについて石狩市より、「できる限り早期に取り組めるように努力をする」との答弁をいただき、大いに期待をいたします。

先日、ネットを調べてみましたら、森は海の恋人と言って森づくりに汗を流し、数度にわたり石狩を訪問されている佐野日大学園講師の大熊光治先生は、御自身のホームページで、「ニシンが獲れ始めている厚田では、生息環境を整えるために、ふるさとの森での千年の森の取り組みと、北海道の治山事業を魚つきの森」を紹介されております。

今年から、漁協婦人部も区域内で植林をされると伺っております。いつの日か、森も前浜も豊かになることを夢見て、私も同僚議員数名とともに森づくりに参加し、ボランティアや、やまどりの会で汗を流そうと思っております。

そういう前向きな取り組みに、壮大な計画のもと頑張っていただくことを強く要望して、「あつたふるさとの森」の質問を終了した。

「あつたふるさとの森」への植樹

厚田村は小谷に広がる２００ヘクタールの土地を平成16（２００４）年に取得した。取得の目

「あつたふるさとの森」での植樹（平成27年10月7日）

的は植樹して漁業を豊かにするためである。「あつたふるさとの森」の海岸に昔から藻場が残っていた。地下水とともに栄養分が少しずつ海へ流れ込んでいるようである。さらなる藻場の繁茂と海を豊かにするために植樹することになった。ニシンで栄えていた厚田村も高齢化、少子化が進んだ。しかし厚田の人々は、昔ニシンが獲れた頃のように漁業資源を豊かにしたい気持ちが残っていた。厚田の人は協働で行動することを望んでいた。魚付林として植樹する活動が始まった。

厚田村は平成17（2005）年に石狩市と合併し、市が先頭になって検討委員会を重ねてきた。平成20（2008）年度から石狩市が呼びかけた植樹活動に様々な団体やボランティアが参加してきた。

「あつたふるさとの森」の東端の森

（1）北海道石狩振興局

北海道石狩振興局は、平成23（２０１１）年に治山事業として「あつたふるさとの森」の東端の二カ所に、トドマツ二四四〇〇本、カシワ一〇三〇〇本等を植林した。日本海からの海風が強いため、高さ約2メートルの木板で周辺を囲み、さらに植樹した樹木を覆うように木枠で保護している。六年間でトドマツは１８０センチ、カシワは１００センチに生長した。

二カ所の中央部に菊池の沢川が流れている。この植樹により水源の里が保全され、日本海へ流れ込む水量も安定する。菊池の沢川の両岸の斜面は森林が被っている。さらに森林は斜面を上るように面積を広げている。

（2）いしかり森林ボランティア「クマゲラ」の会

いしかり森林ボランティアである「クマゲラ」の会は、平成20（２００８）年にニトリ応援基金として寄贈されたカシワ、ハルニレほか十九種四一八二本を植樹し、「千年の森」と称している。カシワは4～6メートルに生長した。これによって、水源が保全されて菊池の沢川の水量や日本海へ流れ込む湧き水も増加する。

国道二三一号沿いの森

（1）もったいない Kids 植林プロジェクト石狩市子ども会育成連絡協議会

平成23（２０１１）年、国土緑化推進機構から緑の募金交付金の助成を受けイタヤカエデ、ミズナラ、ヤチダモ、カシワ各二五本を水源かん養林、防風保安林の目的で植林した。六年間でカシワは50センチに生長した。厳しい自然に絶えきれず枯れた木もある。カシワは先端から半分が枯れ、根本から新しい芽を出し、新緑の葉を出している木もある。ギンドロは70センチに生長した。

平成27（２０１５）年にニトリ応援基金として寄贈されたギンドロ、ミズナラ、イタヤカエデ、ハルニレ、サクラなど十八本を植樹した。二年後植樹した場所に行った。木は大きく生長してなかった。枯れている木も少なかった。

植栽地は丘陵の東側で日本海に近く、自然環境の厳しいところである。この地は海岸からつづく斜面の上にあり、起伏の多い地である。日本海から丘陵に向かって風が吹きつける。冬には、大波が岩にぶつかってできる白い泡が風に乗って舞い上がる。花が舞い上がるようである。斜面に沿って海水を含んだ白い泡と季節風が飛んでくる。この森はやがて日本海からの風雪を和らげるための防風林の役目を果たすことになる。しかし、この地は緩やかな斜面で表土は小石、泥からなり、水はけがよいところである。夏の水分不足、冬の自然の厳しさに絶えなければならない。丘陵の土壌水帯は礫、砂、泥がバラバラに集まり、土の透水性がよい構造である。

（2）その他の植樹団体

植樹地から日本海を望む景観は大変すばらしい。石狩湾漁業協同組合、石狩市、あつたの森支援の会「やまどり」、厚田小学校、厚田中学校、石狩市子ども会育成連絡協議会が植樹している。

センター東側の森

センター東側の森は中島北の沢川の上流部に位置し、緩やかな斜面が広がる。そこの西側にあつたの森支援の会「やまどり」が、平成26（２０１４）年にニトリ応援基金として寄贈されたイタヤカエデほか二一〇〇本を植樹した。下草狩りを行い、ミズナラは60センチに生長し多くの枝と葉を付けている。植樹した木は三年目であり、自然も厳しいようで枯れた木も多く見られた。さらに東側は平らで広く草地である。丘陵の北・南は斜面となり森がある。斜面の下には沢がある。斜面に生えている森は斜面を上るように森林の面積を広げている。

中島南の沢上流域の森

中島南の沢上流域に丘陵が広がる。丘陵の全面が草地である。所々に樹木が生えている。中島南の沢の下流域は森で被われている。森は日本海近くまで続いている。

「あつたふるさとの森」にビオトープ

厚田中学校の生徒たちは「あつたふるさとの森」にビオトープの設置を要望した。中島北の沢川の上流部に、海と川と山の一体感のあるビオトープを設置することになった。「あつたふるさとの森」の周辺には、水辺の貴重な小動物が生息している。水辺の生き物の生息地としての生態系が確保できる。ビオトープの池には山からの湧き水がたまり、安定した水量を海に流すことができる。

このビオトープの特徴は、

・子どもたちが水生昆虫や生態系を学べる。
・湿地帯や林を一体的に整備し、厚田区に生息する生き物を保護・観察できる。
・エゾサンショウウオの生態やトンボの産卵、モクズガニの海から池への移動、カゲロウやトビケラのなかまの群飛が観察でき、自然保護に役立つ場所である。

「あつたふるさとの森」のビオトープで生息可能な貴重小動物はエゾサンショウウオ、ザリガニ、モクズガニ、サワガニ、オオハマドムシ、クマワラジムシ、ムカシトンボ、オニヤンマ、カゲロウやトビケラのなかまなどである。なお、オオハマドムシは北海道の海岸、汽水域に生息する小動物である。

石狩市の呼びかけで各種団体は、「あつたふるさとの森」の各ゾーンを担当して市民協働で植樹している。

小学校での取組

ニシンを復活させるための厚田小学校の取組

厚田小学校は石狩市の厚田港近くにある。校舎は三吉山を背にして建てられている。校舎から南方を見ると青々とした色の石狩湾が見渡せる。この小学校を子母澤寛、戸田城聖や吉葉山潤之輔が卒業している。笹本氏とともに平成23（２０１１）年6月17日に厚田小学校を訪問した。厚田小学校は歴史と伝統のある学校であり、風格を感じた。浅野雅文校長から学校概要の説明を受けた。厚田小学校での自然体験、社会体験を通して小学校時代の体験がイメージ化し、人格の形成につながることを実感した。小学校教育の重要性を認識し、地域の活性化のためにニシン復活に向けての教育の大切さを痛感した。

その後『気仙沼湾を豊かにする大川をゆく』の本を渡した。浅野校長は東日本大震災の話に大変感動し、この話を厚田小学校の児童にも話してほしいと言った。今度群来を観察に厚田へ来る時に、講話を行う約束をした。

環境教育特別授業

平成24（2012）年3月7日、環境教育特別授業を厚田小学校で行うことになった。出前授業のテーマは「森に木を植え、海を豊かにする」である。

〈出前授業の資料〉

1　宮城県気仙沼湾のカキ

・平成元年　宮城県気仙沼湾で赤いカキが採れる。

・十年後　きれいな川の水が流れ込んでいる海には、おいしい海の幸が育つ。私は、川の河口に注目した。河口がきれいであれば、海もきれいである。そこに生息する水生昆虫を調べた。

・二十年後　気仙沼産のカキは高級品となる。

・「森は海の恋人」　植樹祭

2　森に木を植えている活動と東日本大震災

・岩手県室根町矢越山の植樹活動

・東日本大震災の紹介

3　森に木を植えるとは

（1）二酸化炭素の吸収

・地球温暖化

（2）デンプンの合成

（3）落ち葉の働き

（4）森に木を植えて、川をきれいにし海の生産高を上げる

4　海に流れ込む川の水をきれいにする活動

（1）気仙沼湾に流れ込む大川

（2）北海道厚田の海に流れ込む厚田川

・厚田地区での植樹

・水の透明度の調査

・厚田川の水温

・厚田川に生息する水生昆虫は七三種である。

5　厚田小学校の子どもたちへ

・地域が行っている「あつたふるさとの森」づくりに学校の先生、保護者と一緒に参加して山に木を植える。

・昔いた虫や魚は獲れなくなったが、環境がよくなると必ず戻る。

・学校で勉強する国語、算数、社会、理科が基礎基本である。

〈環境教育特別授業として石狩市立厚田小学校のホームページに紹介される〉

3月7日（水）の二時間目には、佐野日本大学学園講師の大熊光治氏による「森に木を植え、海を豊かにする」という内容の特別授業が五・六年生を対象に行われました。

主な内容は、

○気仙沼湾に流れ込む大川上流で取り組まれている植樹「森は海の恋人」
○東日本大震災の教訓を生かす環境保全
○森に木を植える科学的な根拠と最近の研究成果
○厚田の海に流れ込む厚田川の水生生物　など

最後には、卒業生全員に、励ましの言葉とともに、学ぶことの大切さや体験活動の必要性等についてメッセージをいただきました。中でも、腐葉土から、フルボ酸という物質が川に流れ込み、鉄分と融合しながら海に流れ込み、その鉄を取り入れた植物プランクトンが光合成を活発に行って増えるなどの食物連鎖の話には、参観した大人もビックリ、子どもも大人もとっても勉強になりました。

〈厚田小学校の子どもたちへメッセージを贈る〉

厚田小学校の子どもたちへ

むかし、厚田はニシンがとれて地域も豊かであった。学校は家庭の手伝いで休みとなった。東北地方から厚田へ働きに来て、暮らしにも貢献した。ニシンの加工のために厚田の山の木も使った。自然の資源を活かし、人々は豊かな生活をしていた。

高校の教科書にもニシンは登場した。自然をおそれることなく、思うがままに使った。二十世紀末頃から、ニシンがこなくなり、昔のにぎやかさは薄れた。ニシンはどこへ行ったのだろうか。絶滅したのだろうか。不安な日々が続き、海の神に祈るばかりであった。

二十一世紀になり、海の栄養分は川によるところがおおきいことにも気づき、山に木を植えてニシンが生息できる環境を地域と協力して整えてきた。また、ニシンを放流してきた。いま、厚田沖に群来が見られるようになった。環境をよくすれば、必ずニシンはもどることがわかってきた。これからもニシンの泳ぐ森づくりを目標に活動しニシンの住みよい環境をつくる。そして、厚田の海を豊かにして、自然とともに生きるようにしたい。そうすることは、厚田地区のすべての生き物たちの願いであり、君たちの生きる道である。

平成25年6月20日　　大熊光治

ニシンの稚魚放流体験

平成24（２０１２）年6月19日、石狩湾漁協の主催で厚田小学校三、四年十二名は厚田漁港の砂浜で全長約6センチのニシンの稚魚約二千匹を海に放流した。「大きくなって帰ってきて」と声をかけた。放流されたニシンの稚魚は、2月に厚田で水揚げされたニシンから採卵後、飼育していた個体である。

〈厚田小学校ホームページで紹介される〉

ニシンの稚魚を厚田の海へ！

6月19日（火）には、ニシンの水産教室と放流体験学習が行われました。目的は厚田の漁業を知ることです。ここ数年水揚げで有名なニシンに関する知識を得るとともに、自然や生き物を大切にする心をはぐくみます。前半の水産教室では、ニシンの回遊の確認や大きさ、植樹が海の栄養になることなどを学びました。後半の放流では、子ども一人一人が6～7センチの稚魚が数十匹入ったバケツを持って海に入り、一匹一匹を見守りながら、「元気に戻ってこいよ！」「元気にな！」と声をかけながら放流していました。

「あつたふるさとの森」づくり植樹会

石狩市主催の「あつたふるさとの森」づくり植樹会が、平成25（2013）年10月17日、石狩市厚田区「あつたふるさとの森」で行われた。植樹に協力した団体は、厚田小学校、石狩湾漁協、森林ボランティア「やまどり」等五七名であった。

厚田小学校は、高橋たい子校長を引率責任者に教諭、児童十三名が参加した。当日は時より雨の中植樹祭が実施された。児童たちは雨にも負けず、日本海の海風にも負けず、植樹した。「ニトリ北海道応援基金」が、この活動の一部に活用されて、樹種はミズナラ、イタヤカエデ、ギンドロで千本植栽した。

全国小中学校環境教育研究大会（秋田大会）で取組を発表

第四五回全国小中学校環境教育研究大会が平成25（２０１３）年11月29日、秋田県で開催された。石狩市立厚田小学校は「地域の教育資源を活用し、学ぶ意欲を育む環境教育」をテーマに研究発表を行った。

主な内容　「地域の産業から学ぶ中学年の取り組み」

・海から厚田を見る会

　ライフジャケットを着用し漁船に乗船する。厚田の険しい、美しい海岸線の風景を見学。漁師から仕事の話を聞き、漁業の内容を学ぶ。

・ニシン、サケ教室と稚魚放流体験

石狩地区水産技術普及指導所や漁協、北海道漁連の協力を得てニシンやサケについて学ぶ。厚田の漁業の歴史、川と海とのつながりについて講義の後、河口で稚魚を放流した。

・植樹の意義の講話と植樹活動

「あつたふるさとの森」で行われた植樹に参加した。植樹活動の事前指導に植樹の意義と植樹活動について講話をいただいた。

「あつたふるさとの森」海岸付近の植物は多様性があり、学習環境にも最適

海から陸上の植生を学ぶ

「あつたふるさとの森」の西側は丘陵、次に斜面の地形が続き、その先は砂浜である。そして砂浜は日本海に接している。

日本海からの植物相は、〈海の植物→砂浜の植物→斜面の植物→丘陵の植物〉が生育している。海から植物相をたどると「あつたふるさとの森」の周辺で理科や生物の教科書に載っている植物の進化の様子が見られる。そして「あつたふるさとの森」は植物の進化の上位に位置する。

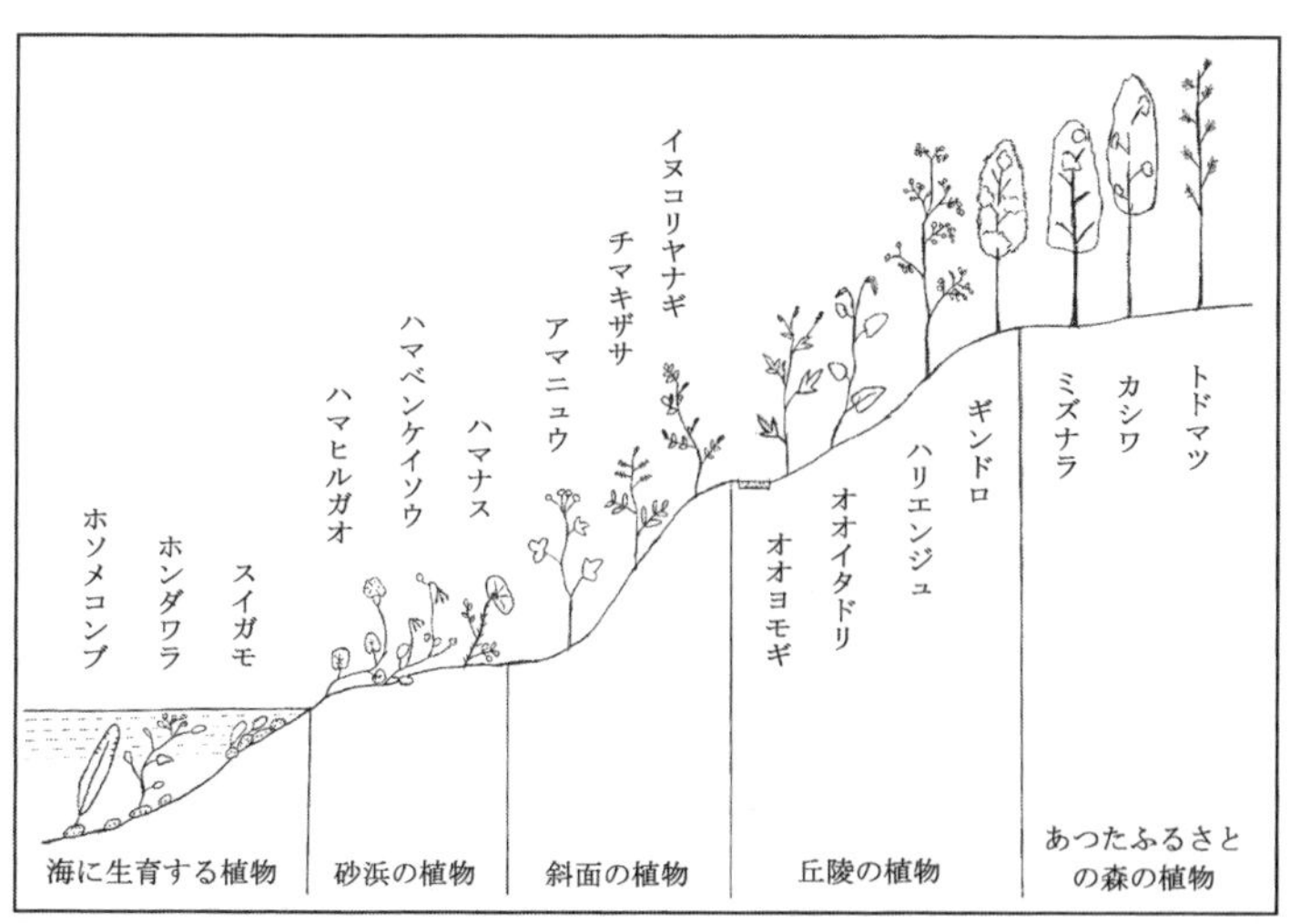

「あつたふるさとの森」から日本海沿岸までの植生配分

海に生育する植物

海岸から深さ3メートルまではホンダワラ、ホソメコンブ、スイガモが群生する。上山氏の説明では年間二〇〇日厚田の海は濁っている。光が水中に入らず、3メートル以下の水中は植物が生えていない。ウップマイカなどの岩ノリやギンナンソウ、ワカメが群生する。豊かな藻場が形成されている。

①スサビノリ

紅藻類の海藻である。葉状体で赤紫色の海草である。沿岸近くの岩に多く着く。

②ホンダワラ

褐藻類の海藻の一種である。葉に楕円形の気泡を有することで浮力を得て、揺れ動く藻である。

③ホソメコンブ

多細胞で、根・茎・葉のようなものがある。クロロフィル、フコキサンチン（褐ソウ素）があるので褐色に見える。褐藻類である。

④スイガモ

根、細長い葉がある。海底に根を出している。群落を形成している。ニシンが卵を産み付ける。最近、ニシンの産卵基質として注目されている。

砂浜の植物

日本海の海岸から5メートルぐらいは砂浜で、夏季には打ち寄せる海水がかかるところである。冬はシベリアからの強い季節風が吹き、海水を含んだ波の花が丘陵まで飛んでいく。砂浜の植物は、海水と海水を含んだ風の影響を受けている。

①ハマヒルガオ

海岸の砂浜に群生して生えている。地下茎が丈夫で長い。葉は緑色で厚くつやがあり、水分の蒸発を防ぎ、塩分を葉から守っている。茎はつる性で砂の上を這っている。

②ハマベンケイソウ

海岸の砂浜に群生して生えている。地下茎が丈夫で長い。葉は緑色で厚くつやがあり、水分の蒸発を防ぎ、塩分を葉から守っている。茎は倒れて砂の上を這っている。

③ハマエンドウ
海岸の砂浜に生えている。茎は砂の上を這っている。茎の所々に先端に巻きひげがあり、石のすき間に根づくことができる。
④ハマナス
海岸の砂浜に生えている。地下茎で増える。茎は枝分かれして立ち上がり、群落を作っている。
⑤ヨシ
地下茎で増える。適当な間隔で根を付ける。茎は2メートルぐらいの高さである。
⑥カモジグサ
乾いている砂地に生えている。
⑦ケカモノハシ
砂地に生えている。
⑧カモガヤ
砂地に生えている。寒地性の植物で、繁殖力が強い。

斜面の植物

砂浜から国道二三一号までは斜面になる。斜面の地表近くの成分は主に砂や泥であり、礫も含む。斜面上にも植物が生えている。

①イヌワラビ

落葉性の草本で茎は暗い赤茶色である。

②アマニュウ

海岸でよく育つ植物である。海岸から上った斜面に生育し、潮風にも強そうである。風通しのよい、厳しい環境に生育している。冬季は枯れる。

③チマキザサ

地下茎が横に長く伸びている。繁殖力が強い。高さ1メートルの群落を作り他の植物を寄せ付けない。

④イヌコリヤナギ

丘陵に近い斜面に生えている。高さは2～3メートルである。若葉は黄緑色と紅色である。

⑤ススキ

平地、山地の山野で日当たりのよいところに群生する。「あつたふるさとの森」の海岸付近では丘陵に近い斜面に生えている。高さ1メートルで地下茎が増える。草原の極相の植物である。

⑥ヤマナラシ

「あつたふるさとの森」の海岸付近では丘陵に近い斜面に生えている。

丘陵の植物

国道二三一号から「あつたふるさとの森」まではゆるやかな土地である。地表は泥と礫が多くなる。ゆるやかな土地に植物が生えている。

①オオヨモギ

茎の高さ2メートルで地下茎を伸ばして増える。

②オオイタドリ

茎の高さ2メートルで葉は大きい。卵形の茎は太く、中は空洞である。成長が早い。

③ハリエンジュ

樹高15メートルで砂防林に使われている。落葉高木で強い芳香のある白い花を付ける。マメ科植物特有の根粒菌との共生で成長が早い。やせた土地、厳しい環境の北海道で多く生育している。

④ギンドロ

高さ20〜30メートルで砂風林に使われている。落葉高木である。

押琴、小谷、青島、別狩地区は古潭川と厚田川に囲まれている。標高115〜122メートルの山々がある。中島南の沢川、中島北の沢川、石沢の沢川、菊池の沢川が日本海に流れ込んでいる。「あつたふるさとの森」から海へ向かって、丘陵の植物、斜面の植物、砂浜の植物がある。「あつたふるさとの森」のそでの群落がある。これらが備わって藻場も形成されている。

市民の協働活動から生まれたもの

藻場の形成と群来

次第に現れてきたニシン保護活動の成果

石狩湾漁業協同組合、石狩市、あつたの森支援の会「やまどり」、厚田小学校、厚田中学校、石狩市子ども会育成連絡協議会などの団体が「あつたふるさとの森」に植樹してきた。そのニシンの保護活動の成果が次第に現れてきた。最近、「あつたふるさとの森」の海岸に以前に増して藻場が広がっている。この藻場にニシンが産卵のために大群で押し寄せて、雄が雌の産卵に合わせて精子を出すために海が白く濁る。この現象が平成24（２０１２）年3月以来毎年見られている。平成27（２０１５）年1月26日、厚田の海に南北約４キロ、沖合約５００メートルの群来が見られた。

地域の活性化

海の資源の充実が地域の活性化に

石狩湾の海の資源が豊かになり、人々の生活が忙しくなった。普段静かな港も早朝、船が港に戻ると漁民たちの作業で賑やかである。特にニシンが浜に上がると、漁民たちの気持ちは高揚して網外し、大きさの仕分けに精が出る。漁民たちは会話も弾み、仲間に笑顔が広がる。ニシンの大漁が続き、浜は活性化されている。

Ⅵ　人々の生活を支えてきたニシンの食文化

ニシンの卵を数の子と言っている。一匹のニシンが産卵する卵は五万から十万個である。産卵が近づくと海岸の藻場に集まる習性がある。産卵される卵に雄が精子をかける。浜は精子で白くなる。漁師はニシンが集まる時を狙ってニシン漁を行う。ニシンは地域の風土にあった料理の素材に使われている。そして私たちの生活を支えてくれている。

北海道のニシンを扱った料理

北海道の日本海沿岸の人々は、ほかの地域の北海道の人々に比べ焼き物、煮物を多く食べていた。ニシンの料理にはあまり手の込んだものは作らないようである。北海道の日本海沿岸のニシン料理を紹介する。

なお、北海道のニシンを扱った料理に関しては、上山稔彦氏から話をうかがった。

主な料理（五種）

①飯寿司（いずし）

飯寿司は、主に北海道から東北地方で、冬季に作られる郷土料理である。漬け込まれる魚は、ハタハタ、サケ、ニシン、ホッケなどがある。北海道石狩市厚田区にある上山水産はカレイ、カジカも使っている。作り方は、ご飯と魚、野菜、麹を混ぜ桶に入れ、重石をのせて漬け込み、乳酸発酵させて作る。

匂いは穏やかで、米の甘さと乳酸の酸っぱさのバランスがよい一品である。冷蔵では七日間ぐらい、冷凍では三ヶ月ぐらいが消費期限である。冷蔵庫では乳酸発酵が進むので、より酸っぱさの増した飯寿司となる。食べ方は漬け込んだ魚を食べやすく切り、わさび醤油でさしみ風に食べても美味しく食べられる。

石狩市厚田では「あつた名産」である。

②ぬかニシン

生きのよいニシンの頭と内臓を取り除き、血をよく洗う。水を切る。ぬかと塩を三対一の割合で混ぜたものをニシンの腹に入れる。樽に平らに並べてその上にぬかと塩をかける。この作業を交互に行う。最後に重石を置く。さらに一週間後重石をのせる。5月頃作り、9月頃食べられる。二〜三年以上保存できる。焼いて食べたり、ニシン三平汁にも使える。

ニシン三平汁はぬかニシンを使う。ニシンは、塩とぬかで前年に漬けたものを水洗いして、頭と尾を切り取ったニシンを輪切りにする。コンブでだし汁をつくる。この中へジャガイモ、ダイコン、フキ、ゼンマイを入れて煮る。塩のみで漬けた塩ニシンは塩味が強くなる。

また、ぬかニシンの塩を取って、しめサバのように酢でしめる。しめたニシンに塩カズノコを混ぜて食べる。

③ニシンの串焼き

ニシンの鰓（えら）の部分を除き、口から竹串を刺し、炉端で焼く。大量のダイコンおろしを添えて醤油をたっぷりかけて食べる。

④ニシンの切り込み

新鮮なニシンの頭と内臓を取り除き、二分に輪切る。樽に入れ、水で血の赤みが取れるまで洗う。三～四日重石で、魚汁を絞る。ニシンの量の約一割の塩と麹を混ぜて、重石を置く。二週間ぐらいで脂がうくため、脂を取り除く。一ヶ月後、樽の中をかき混ぜながら、なんばん（唐辛子）を入れる。

⑤身欠きニシン

ニシンを身欠き干して二～三日おき、生又は少し硬いものをフキ、ワラビ、タケノコと一緒に味噌で煮る。ニシンを身欠きして一ヶ月干し、そのまま食べる。または焼いて食べる。

秋田県のニシンを扱った料理

秋田県横手町の出身の大越幸哉（埼玉県公立中学校教諭）に、秋田県のニシンを扱った料理を調査していただく。（参考『聞き書秋田の食事』『能代市史　民俗』より）

主な料理（七種）

①生ニシン（焼く、煮る、小糠漬け、塩漬け、飯寿司（いずし）、塩辛）
②塩ニシン（焼く、酢の物）
③身欠きニシン（昆布巻、煮付け、焼く、和え物、ニシン漬け、味噌煮、味噌貝焼き）
④身欠きニシン入りみずあえ（みずは山菜）

みずの葉を取り、洗い、水気を切って一本のまま、まな板にのせて、すりこぎで、たたいてつぶす。それを包丁で細かくたたき切る。すり鉢に山椒を入れて、すりつぶす。それに味噌をすり混ぜる。味噌の量は、みずの分量をあらかじめ見たてておいて、塩からくない程度がよい。それにたたいたみずを入れ、みずと山椒味噌がよく混ざるようにする。さらに、細かく切った身欠きニシンをあえて食べる。

⑤身欠きニシン入り昆布巻き

やわらかく幅広いめこんぶで、身欠きニシンを一本のままぐるぐると巻き、稲わらの芯で結び、薄味のすまし汁を、昆布がかくれる程度になべに張って、汁がなくなるまでゆっくりと煮る。

⑥ニシンの小糠漬け

生ニシンの頭、内臓、尾を取り除き、塩と米ぬかで、漬け込んだもの。樽の底に塩をふり、ニシンをすき間なくきちんと並べ、魚が白くなるほど塩をふりかけ、米ぬかをまんべんなくふる。そのつど、手できっちりと押しながら、魚、塩、米ぬか、手押し繰り返す。最上段は塩を厚くふり、木蓋をのせ、重石をして魚がぴっちりしまるよう押す。食べる時は、石と蓋を除き、上の層から順々にはがして、水でよく米ぬかを洗い流し、焼き魚にして食べる。

⑦ニシンの切り込み

頭、尾、内臓を取り除き、生だしした（水に浸して赤つゆを取った）ニシンを三枚におろし、三分厚の細切りとし、塩、米麹をかける短期漬けである。ニシン一箱に塩六合、麹一升の割合で漬け込むと、一ヶ月くらいで食べられるようになる。

新潟県のニシンを扱った料理

新潟県南魚沼市は豪雪地帯である。雪に閉ざされた冬季、身欠きニシンは貴重な食材である。南魚沼地方の主婦たちはニシンを使い、おいしく日持ちする料理を郷土の食材を使って作っている。南魚沼市在住の湯本イトさん（大正15年生まれ）、井口きよ子さん（昭和7年生まれ）、小島澄子さん（昭和24年生まれ）から聞き取り調査した。

主な料理（七種）

①親子漬（身欠きニシンと数の子の麹漬け）

干したニシンをたわしで水洗いし、水でふやかしてから2センチぐらいに切る。ダイコンは拍子木に切って塩漬けしておく。数の子は水出しして2センチぐらいに切る。ニシンとダイコンと数の子を混ぜ、さらに麹を入れて混ぜる。

②ニシンの煮付け

身欠きニシンを水でよく洗って、水でふやかす。ふやかしたニシンを砂糖と味噌で煮る。

③ニシンの山椒漬け

ニシンの山椒漬けはニシンを身欠き、五分干しにする。五分干しニシンと昆布つゆと酢をタッパーに入れ、冷蔵庫で一週間漬ける。その後、ニシンをきれいに洗い、水分を拭き取る。鱗と残っている骨を取り除く。

④ちょっとあぶって焼いたものを食べた

4月に初物として身欠きニシンが売られた。それがおいしかった。おやつに食べた。子どもが食べないように天井につるしておいた。

⑤きっこし漬

なますウリ、ハクサイ、ダイコン、ニンジン、身欠きニシンを三日ぐらい生米を入れて水にふやかす。ざるで、水を切る。濃い甘酒に浸し押して、空気を抜く。

⑥ニシンのネギ味噌

ニシンを油でネギと炒め、さらに味噌、砂糖を混ぜて炒める。

⑦ゼンマイとニシンの煮物

砂糖と醤油で煮る。

京都のニシンを扱った料理

主な料理

①身欠きニシンを使ったニシンそば
　ニシンの甘露煮をそばにのせてかけにする。

明治期、北前船でニシンが京都へ

　京都まで北前船が来ていない江戸時代、ニシンは北陸から京都まで陸送された。北前船は北国の物資を運んでくることから北前船と呼ばれた。北前船は明治時代、北海道の江差と京都の若狭を航海し、ニシンやタラなどの海産物を京都に入荷した。

京都の祇園四条駅近くで南座横にそばやの「松葉本店」がある。
　初代松野與衛門氏が１８６１（文久元）年、現在の南座の西隣に芝居茶屋を誕生させ、屋号を「松葉」で開業した。そして二代目松野与三吉は明治15年身欠きニシンの特性を生かし甘露煮をそばにのせて、かけにしたニシンそばを考案した。もともと、身欠きニシンは京都の人々にとって大切なたんぱく源であり、保存食だった。ニシンそばはニシンの甘露煮、だしが京都の風土に合っている。ニシンそばは、京都の代表的な味として親しまれてきた。「松葉本店」のニシンそばは、総本家日本で一番として定着した。

北海道の海で多く獲れたニシンも昭和30年頃から獲れなくなった。「松葉」もニシンの入荷に苦慮した。

「松葉」の店の人の話

「松葉」の店に入ると、お客の約半数が人気メニューであるニシンそば（定価一三〇〇円）を食事していた。

店の人に「ニシンそばに使うニシンはどこから入荷しているか。」を尋ねると、「昔はニシンを北海道から入手していたが、今、北海道からニシンを入手することが困難になり、アラスカから入荷している。アラスカから入荷する利点は、ニシンを多数使うので安定して多く入荷できることと、値段が安いことである。ニシンそばに使う「にしん棒煮」は京都市嵐山にある工場で製造している。」との話だった。

北海道のニシンも獲れるようになり、遠くない時に本来のニシンそばが食べられるかもしれない。

Ⅶ　ニシンが豊富なノルウェーに学ぶ

1900年初頭、ノルウェーのニシンは豊漁であった。ニシンが大漁の時、ノルウェーは1903（明治36）年に、「ニシンの鱗輪紋数（鱗相）で年齢がわかる」研究を活用した漁獲物の年齢組成調査に着手した。その結果、ノルウェーのニシンは1904年に大量発生、1908年には四歳魚のニシンが大量に漁獲された。ノルウェーでは今でもこの調査を続けている。

北海道水試の森脇幾茂は鱗相を使って成果を上げているノルウェーの研究を知り、明治43（1910）年、北海道ニシンについて鱗相調査に着手した。一時大発生、中発生を繰り返した。しかし、ニシンは昭和33（1958）年を最後に北海道の沿岸に来なくなった。

店頭から日本のニシンが消えた。しかし、ノルウェーのニシンが店頭に並ぶようになった。農林水産省物流統計（平成25年）によると、ニシンの輸入量は30・8万トンである。チリが一位17・6万トン、ノルウェーが二位3・0万トンである。ノルウェー産のニシンが日本に多く輸入されている。

北海道の日本海沿岸は、山々が海まで接近している。山から多くの沢が海に流れ込んでいる。

日本海沿岸はノルウェーの沿岸の自然環境と似ている。ノルウェーではこの風景をフィヨルドと呼んでいる。フィヨルドとは、ノルウェー語で「fjord」で、氷河による浸食作用によって形成された複雑な地形の湾・入り江のことである。

日本でニシンは獲れなくなっているが、ノルウェーでは獲れている。その生息環境を調査することにした。

ノルウェーのニシンに関する情報収集

ノルウェーのニシンに関する情報を得るために、まずノルウェー王国大使館に連絡をとることにした。

ノルウェー王国大使館への質問事項

①ノルウェーのニシンを扱った博物館はどこにありますか。何という名称ですか。
②ノルウェーのニシンの保護活動を行っている場所はどこですか。どんな団体が行っていますか。

以上のメールを送信した。ノルウェー水産物輸出審議会窪田純子（マーケティング・広報担当官）が担当し、早速返事が送信されてきた。

ノルウェー王国大使館からの回答

①ニシンの歴史を扱った博物館はハウゲスンの街にある。ハウゲスンはベルゲンの南でスタバンゲルの間にある。ノルウェーで最も歴史のあるニシン加工会社の一つで、ニシンの歴史を説明する。

②ノルウェーの南端にスタバンゲル博物館がある。海洋関連の特設コーナーがあり、ニシンについての展示もあるようだ。

③ニシンの保護活動について、ニシンの資源は漁に関する関係国（ノルウェー、ロシア、フェロー諸島、ＥＵ）が漁獲割当等の管理などをしている。

さらに友人の難波真史氏がオスロに在住している。彼は建築家でノルウェーの人と幅広く交流している。彼の友人で通訳の仕事をしているリーネ氏から、ノルウェーのニシンに関する情報を寄せていただく。

ベルゲンにある海洋研究協会に、ノルウェー人で最も有名なニシンの研究を行っているライフ・ノッテストさんがいる。ノルウェーのニシンのことならぜひ訪ねるように言われた。また、ベルゲンの北方で、トロンハイムのラックバーゲンにあるニシン博物館を紹介していただく。

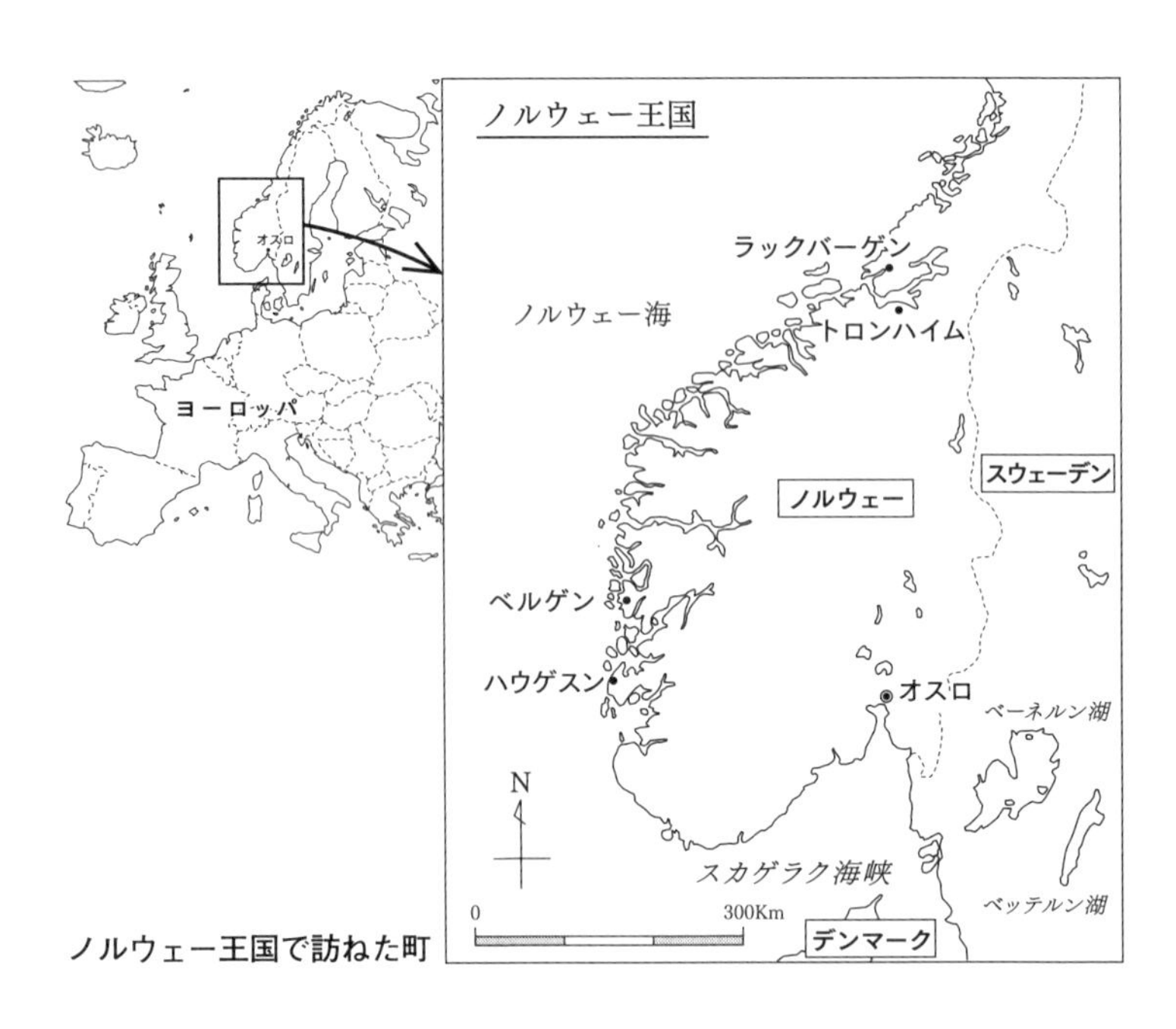

ノルウェー王国で訪ねた町

ノルウェーのニシン調査のために出発

ノルウェーのニシンに関する多くの情報を得ることができた。北欧ノルウェーのニシン調査団は、２０１５年６月9日（火）から6月14日（日）までノルウェーのニシンを調査することになった。

成田空港から飛行機はウラジオストク、ハバロフスク、アムール川の北側の上空を西へ向かって、11時間45分でアムステルダム空港に到着した。ベルゲンへは乗り換えて、アムステルダム空港からベルゲン空港まで1時間40分かかる。

ノルウェー西岸のベルゲン半島に位置するベルゲン国際空港に着いた。念願であったノルウェーに到着した。空港から18キロ、タクシーで30分ぐらいのところにベルゲンの市街地がある。道路は石灰岩を切り開いて拡張工事が進められている。

ベルゲンの住民が所有する家に6月9日午後12時頃到着した。ベルゲンの住民は観光客の多い季節になると自宅を貸し出している。

フィヨルド（ベルゲン市内）とノルウェー海洋研究協会を訪ねる

ベルゲン港の周辺

ベルゲンの港町は古から魚の交易地の波止場である。また、ハンザ商人の独自の居住地としてのブリッゲン地区は世界遺産でもある。国際的な養殖業、学術研究に優れている海洋研究協会がベルゲン市内にある。

6月10日午前9時頃、ベルゲンの市街地に行く。小雨であった。タクシーの運転士に聞くと、ベルゲンは一年に二四〇日雨が降るようである。ベルゲンは北緯60度に位置し、メキシコ湾海流の影響を受けている。降水量の原因は山に囲まれた町で、標高987メートルの山もある。北大西洋の湿った空気が山にぶつかることによって、降雨が生じる。山は緑に覆われている。山の中腹までところどころに家が建ち、郊外まで住宅地が広がっている。大雨によって洪水や土砂崩れ

ベルゲン湾に流れるフィヨルドの滝

が起きている。

ベルゲン港の海を覗くと、海岸にヨーロッパカキ、ムール貝、コンブが重なるように生息している。海産物が豊かさを表している。山間には細流が流れ、ベルゲン湾に流れ込んでいる。特に、細流が流れ込むところは、海産物が多く生息している。北欧の海の海産物は生で食べられておいしいこともわかった。

ベルゲンのフィヨルドを船に乗って調査

ベルゲン港から海の方を見ると、周囲は山に囲まれたフィヨルドである。海に島が点在する。船はベルゲン港の北側にあるバーゲン桟橋から北上し、バイフジョルレンのフィヨルドからサルバスフジョルゲンのフィヨルドへ15キロ進むと、放射形の斜張橋がある。この橋はテレビック町とフラト町を結ぶ長さ1・4キロの橋である。橋の名前はノルドホルダランド橋である。ノルウェーはフィヨルドが発達し、海に多くの島が点在する。そして山の奥まで海水が浸入して移動は大変なところである。交通手段として多くの橋が設けられている。ノルドホルダランド橋を過ぎると、深さ３００メートルのところにムール貝の養殖場がある。サケの産卵場所もある。

フィヨルドの海の色は海岸近くで淡色、中央部は黒緑色である。海岸で平らなところは小さな港になって、中央部に渓流が流れ込んでいる。崖のところは所々に滝があり、フィヨルドに流れ込んでいる。森の中に道路も見られる。所々に家がある。それ以外は、森林が残されている。往復90キロの船上からの調査であった。

ライフ・ノッテストさんが勤めている海洋研究協会を訪ねる

リーネさんからノルウェーのニシンの研究で優れている海洋研究協会を紹介された。海洋研究協会にノルウェーで最も有名なニシンの研究者であるライフ・ノッテストさんが勤務している。大熊可奈子（長女）が、海洋研究協会のライフ・ノッテストさんとメールで訪問の連絡をとったが、6月10日はオスロで会議がある予定で忙しいようであった。私はライフ・ノッテストさんに会うために、日本からきた。午前中なら会えるかもしれないので、港からタクシーを乗り急いで行き、午前10時頃、海洋研究協会に到着した。急いでビルの中にある海洋研究協会の事務室に行き、ライフ・ノッテストさんを訪ねる。ライフ・ノッテストさんはオスロで会議があり、出発した後ですれ違いになった。

ノルウェー海洋研究協会のあるビル

ライフ・ノッテストさんの研究室

ボジュン・ビダンさんが対応してくれた。ボジュン・ビダンさんがライフ・ノッテストは先程オスロで会議があるので出発し、海洋研究協会にはしばらく戻らないと言った。

私はライフ・ノッテストさんに会えなくて残念で、しばらく気持ちが落ち着かなかった。幸い日本からノルウェーのニシンに関する質問事項と私の著書『気仙沼湾を豊かにする大川をゆく』を用意してあることに気付いた。ノルウェーのニシンに関する質問事項と私の著書『気仙沼湾を豊かにする大川をゆく』をボジュン・ビダンさんに渡した。ボジュン・ビダンさんは日本から来ていただき申し訳ない、質問事項と著書をライフ・ノッテストに必ず渡すと言った。ボジュン・ビダンさんの了解を得て、海洋研究協会の施設を見学した。海洋研究協会の職員は、それぞれ個室の研究室で仕事を行っている。職員は十人ぐらいである。

海洋研究協会は、その年の魚を獲る量について検討項目として、魚ごとに、その年の漁獲量、昨年との比較、政府との調整、最終漁獲量、獲れ高、残りの量で管理している。

ニシンの保護活動とニシン加工会社（ベルゲン地方のハウゲスンへ）

ノルウェー水産物輸出審議会の窪田純子さんから、ハウゲスンにあるノルウェーで最も歴史のあるニシン加工会社を紹介された。

ニシン加工会社キュビックのあるビィグアバトネットの町へ

ニシン加工会社　キュビックの全景

6月11日、ニシン加工会社に行くことになった。ベルゲン市内でレンタカーを借りてハウゲスンを目指した。運転士はティム・リー（長女の夫）にお願いした。ベルゲンから国道E三九号を南下する。ノルウェーの西海岸は特にフィヨルドが発達していて、山が氷河によって削られ、山頂部分が残りフィヨルドの海に島が点在する。したがって島と島をつなぐために、フェリーや橋を使っての移動となる。最近はトンネルも多く作られている。ハルジェムからフェリーに乗り、サンドビクバァク港へさらにE三九号に沿ってフェイノ町の島、この島へ行くには橋を使う。さらに進みティテルスネスベゲ

ンでE三九号と別れてE四七号を行くとハウゲスンの町に入る。そして国道九三九号を行くとリィセイの町に入り、島の北端にノルウェーで最も歴史のあるニシン加工会社キュビックという会社がある。ニシン加工会社キュビックはビィグアバトネットの町にある。

ニシン加工会社キュビック

大熊可奈子（長女）がメールで加工会社の調査をお願いした。この会社は現在六代目の女性社長トルビジオルグ・フレチィーが務めている。父親の五代目社長と六代目の女性社長が出迎えてくれた。

（1）六代目社長が経営する加工会社キュビック

加工会社キュビックはハウゲスンの町にあり、ノルウェーで最も歴史のあるニシンの加工会社である。ニシンの切り身を作っている加工会社である。ニシン加工会社は機械化が進んでいる。機械にニシンを姿ごと入れ、最後にハラミの切り身3センチ×5センチが加工され製品となる。その後十八ヶ月塩漬けした後、味付けしてビンに入れる。出荷先は主にホテルで使われている。ニシン加工は精密で工程が完全に機械化されている。家族経営の工場である。ニシン加工会社キュビックは塩またはスパイスなどを使用した加工品を生産している。現在、ニシンの製品はドイツ、東欧に出荷している。ドイツの人は酸っぱいものより、少し甘い味を好む。加工後の残滓はヒツジの餌にしている。

工場内にハウゲスン地方のニシン漁の歴史、漁具、ニシン漁の写真などが展示されている。

（2）五代目社長が行っているノルウェーのニシンの保護活動

五代目社長は学校卒業後、家業のニシン業を継いだ。今、娘に社長を譲ってニシンを扱った様々な料理を研究し、料理研究家としてテレビにも出演している。加工ニシンの試食をコーヒーと水を飲みながら行う。

昔、ハウゲスン地方の慣習として山の木を一本切ったら、一本植える考えがあった。父親はハウゲスンの小学校の頃、学校教育の一環として山に木を植えていた。

ハウゲスンのニシンはベルゲンの海を北の方まで回遊する。そして、産卵のためにハウゲスンの海に戻る。ハウゲスンではこの時期（2015年6月11日）にフィヨルドに行くと今でもニシンが獲れる。特に、入り江に集まる。ニシンは電気の光に集まる習性があり、この習性を利用してニシン漁を行っている。網目の大きさやニシンを獲る時期を決めてニシン漁を行っている。

ハウゲスンは1950年代にニシンの獲り過ぎで、ニシンが少なくなった。漁民たちはニシンが獲れたスウェーデンに出稼ぎに行ってしまった。ニシンの乱獲を規制するために、ノルウェー

ニシン加工会社　キュビック5・6代目の社長

政府が調整をした。現在のニシンの捕獲は科学者がニシンの生息個体数を研究し、政府に提案する。漁協も漁獲量を提案する。

ハウゲスン地方のニシンは、今まで見たことがないほどニシンの個体数が多い。減少しないように制限してきた成果である。

五代目社長は「海の栄養分が豊富だから、海は豊かになっている。海の色もよく、栄養分がいっぱいでコンブが多く生えている。クラゲが多いのが問題である。温暖化の影響で氷河が解け、四十年間で海水の量が多くなった。ミネラル成分は多く、塩分が少なくなり、海水の色は黒色化する。ニシン等の魚が育つ環境でなくなっている。しかし、現実に個体数は減っていない。栄養分が多いからである。今はよい状態である。学者はまだニシンの個体数は少ないと分析する。漁民はニシン漁を行っていて生息数は多いと実感している。」と話した。

ニシン博物館（トロンハイム地方のラックバーゲンへ）

トロンハイムの町はスカンジナビア半島の中央部より南に位置する。西側はフォーセン半島があり、半島の先はノルウェー海である。トロンハイムの海岸近くはフィヨルドが発達し、トロンハイムフィヨルドと呼ばれている。トロンハイムの町はトロンハイム空港から25・7キロ、バスを使うと約35分で市街地に到着する。道路の左右は放牧地や畑が広がっている。

建築家の難波氏がデザインしたクラリオンホテルに宿泊する。トロンハイムはニード川の河口に広がった町である。道路が広く、町並みもきれいである。通商、交易も発達している。

トロンハイムはノルウェー水産物輸出審議会の窪田純子さんから紹介された町である。トロンハイムはニシンで有名な町であると聞いている。詳しいことがわからないので、トロンハイムの観光案内所で市内のニシン料理専門店、明日行こうとしているニシンの博物館と水生昆虫の調査地点を教えていただいた。

ニシン料理専門店「BAKLANDET SKYDS」は観光案内所から10分ぐらいのところである。ニシンの酢漬け、ニシンのこしょう入り酢漬け、ニシンのスパイス入り酢漬け、ニシンのトマト入り酢漬けが用意され、自分の好みの量を取って食べる。

Sildomeseet（ニシン博物館）のあるラックバーゲンの町へ

6月13日、トロンハイム駅近くのクラリオンホテルからレンタカー会社までタクシーで行く。レンタカーで七〇六号を右に海を見ながら、西へ向かう。途中メロミラの町で七〇六号と別れて七一五号を進み、さらに西へ行きファクの町からフェリーに乗り、ファクフジョルデンまでフィヨルドを渡る。そして、ロルビィクの町に着く。このフェリーは無料である。再び七一五号を進み、ソルフジョアドバイエンの町で七一八号に左折し、しばらく進む。ラックバーゲンへつながる一三三号を進みラックバーゲンの町に到着する。ラックバーゲンは昔ニシンで栄え、今はニシンが獲れなくなった町である。

水生昆虫の調査は観光案内所で教えていただいたフォーセン半島の七一五号沿いの細流や大きな川で行った。河川形は山地渓流型である。フォーセン半島の西側はフロー湾で大西洋に接している。

ラックバーゲンの町の看板から

ラックバーゲンの町の入り口に「ニシンの水産業と波止場」を説明する看板がある。ラックバーゲンはノルウェーの水産物の歴史を反映している町である。最初の黄金時代は1600年初頭に始まった。そして1800年の後半は最高の好転を記録した。ラックバーゲンの村は1900年初頭、ニシンが豊漁であった。港町はニシンの水産業で賑やかであった。港は船でいっぱいであった。新しい港もできた。ラックバーゲンはノルウェーの大都市の郊外にある。ニシンを積んだ船は桟橋に多く密集していた。ニシンを獲るには船と引き網が必要である。船の販売、道具一式の販売店やニシンの洗浄、塩付けなどニシンの仕事に従事する人々の家がたくさんできた。ニシンの内臓の取出とニシンの塩漬けは埠頭で行われた。

現在ラックバーゲンの町にあるニシンに関する建物は、1600年代の物が一棟であり、ほとんどが1800年の後半に建てられた物である。1960年漁場は下落し、その結果、ラックバーゲンの漁場の施設は中止された。

「缶詰工場」

ラックバーゲンの歴史はニシンの歴史でもある。そして、社会を元気づけた水産業の歴史でもあった。住民はラックバーゲンのフィヨルドを、最も立派なニシンフィヨルドの一つと考えていた。そして、ニシンの水産業は人々のための重要な産業であった。ニシンの季節になると漁民は遠くから来た。そして港は船でいっぱいになり人々も元気いっぱいであった。ラックバーゲンの村は、よい港をもっていた。ニシンは毎年フィヨルドに来た。そして人々は遠方からラックバーゲンの海岸に来た。ニシンの水産業が1900年初頭ピークの時、ラックバーゲンの桟橋は漁業と産業のために生活の中心であった。

1914年、ラックバーゲンの缶詰製造会社は設立された。ニシンは缶詰工場で海の銀貨として加工された。約二十年間缶詰工場は操業された。この間、加工されたニシンは南に向かってヨ

シルドメシト　ニシン博物館

ーロッパに運ばれた。ドイツは重要な市場であった。主婦と独身女性は最大でしかも最も重要な部署で働いた。この部署は工場でも大変なところであった。彼女らは内臓を取る作業そして塩漬けの仕事を行った。

缶詰製造の作業は、１９３０年代初めフィヨルドのサガという村に移された。そして、今までの建物は、ほかの目的に使われた。サガのニシンの水産業工場と波止場は、１９３９年に火災のため全焼した。たくさんの女性従事者の仕事は失われてしまった。

Sildomeseet（ニシン博物館）

フォーセン半島の南はスウチジョルンデンのフィヨルドに囲まれている。その入り江にラックバーゲンがある。そこにSildomeseet（ニシン博物館）がある。ニシン博物館の名称は「Salteriet Kulturbeyggede」である。

〈ニシンを漁獲する様子の展示〉

①海上でのニシンの漁獲の様子を模型で展示

一艘の舟に三人の作業員が乗り、左右から網をたぐりニシンを網の上で漁獲する。作業員の服装は、ノルウェー地方のマリークス編みからなる普段着である。

②台の上でニシンの頭部、内臓を取り除く作業。

③その後、塩をまぶす。

④木製の樽に下から塩を敷き、加工の終了したニシンを並べ、そして塩を敷く。この作業を繰り返して、最後に木の蓋をする。

シルドメシト　ニシン博物館
ニシンの仕分け作業

〈ニシンに関するパネルの説明〉

・「魚を運んで塩を運んで来る」

　魚が腐らないように塩漬けにして運ぶ。帰りの船は塩を運んだ。この海運は1600年代まで行われていた。塩漬けにして樽に入れたニシンは塩度が低い。その塩はノルウェーの海水を沸かして作る。大半はクラース海の塩とトスクの岩塩を扱う。市場は主にヨーロッパでイギリス、オランダ、デンマークであった。ニシンは安くて健康的で栄養価の高い食物として人気があった。スペイン、フランスからの帰りに、船は塩を運んだ。

・「ニシンの魚群」

ニシンは海水魚である。海の銀と言われていた。1600～1670年、1850～1920年は豊漁で利益と繁栄をもたらした。第二次世界大戦後ニシンは来なくなった。

・「ニシンの漁法」

ニシンはフィヨルドの入り江に集まる習性がある。フィヨルドの沿岸に藻場があり、そこにニシンが集まり、産卵をする。この習性を利用してノルウェーでは、ニシンの捕獲漁業を効率よく行う。今でもこの方法で行っている。

捕獲の方法は、ニシンの集まったフィヨルドの入り江に網をかけることである。

まず、入り江を囲むための網を乗せた舟と、網を引くボートを入り江のほぼ中央の位置に配置する。

次に、中央に位置する二艘のボートに乗っている作業員がアームと網を引きながら、左右に分かれ、岸に着く。そして網で入り江を囲む。

最後に、ニシンを閉じこめているネット内で、二艘の舟が中央に向って移動しニシンを捕獲する。

今は、ラックバーゲン地方ではニシンは獲れない。作業場は Sildomeseet（ニシン博物館）として展示されている。

現在のラックバーゲンの港周辺

ラックバーゲンの町はフィヨルドの入り江にある。周辺は山に囲まれている。山から流れ出た河川の中流域、下流域は氷河によって削り取られ、海水が入っている。町にある河川は上流域、細流が残る程度である。山に生えていた木は切り取られ、斜面と平らなところは牧草が生えている。そこに、牛やヒツジが飼育されて農業が営まれている。Sildomeseet（ニシン博物館）の周辺は、住宅が多く建っている。ラックバーゲンの海は山から土砂が流れ込み、海に流れ込む河川の水量も少ない。フィヨルドの岸辺には褐藻類の仲間であるアルギットという海藻が多く繁殖している。フィヨルドの岸辺は浅くなっている。ノルウェーでは褐藻類を古くから肥料や飼料として利用してきた。このアルギットを農業に役立てていた。ラックバーゲンの人々は農業振興のために山林を切り開き畑を作った。その結果、保水が悪くなり、海に流れ込む水量が減ってしまった。また、土砂が海に流れ込み、海は浅くなった。その結果、ニシンの産卵場所が入り江から遠ざかってしまった。

フィヨルド（トロンハイム地方）を流れる渓流の水生昆虫

水生昆虫調査

海の生産高を豊かにするためには、海に流れ込む河川の水量と河口付近の水質の影響が大きいことがわかってきた。トロンハイム地方は石狩市より寒さの厳しい自然環境である。フィヨルドの河川に生息する水生昆虫を調査した。石狩湾に流れ込む河川の河口付近の水生昆虫とノルウェーのトロンハイム地方のフィヨルドを流れる渓流の水生昆虫を比べてみた。ノルウェーの水生昆虫は、ノルウェーの図鑑と『日本産水生昆虫検索図説』（東海大学出版会　１９８５）を使い調べる。ノルウェーの図鑑は、『Insekter og småkry I vann og vassdrag』（１９９９）である。

ノルウェーの水生昆虫の特色

ノルウェーのフィヨルドに存在していた河川の中・下流域は氷河によって削りとられ、上流より上の部分の河川が地上に残っている。削りとられたところに海水が浸入している。したがって、河川は上流からすぐ海に入る。幅30センチぐらいの細流や山の中腹から滝が海に流れ込む。平らなところは山地渓流型の河川が流れている。厳しい自然の中での河川の水量は安定し、河川の形態も安定している。

ノルウェーのフィヨルドに山からの豊富な水量が流れ込む海域は、今も水産資源が豊かである。ノルウェーのフィヨルドは冬季に雪で覆われる。水深が浅いと川底まで凍ってしまう。このような河川は、夏季に水量が少ないため水生昆虫が見られなかった。夏季に水生昆虫の種の拡大が行われても、冬季に水が凍り水流がなくなり水生昆虫は死んでしまっている。ノルウェーに生息する水生昆虫は、冬季の厳しい環境の中でも生活史を完成させなければならない。厳しい環境の中で生活史を完成できる水生昆虫の種類は固定化し、この地域での水生昆虫の極相に近くなる。日本の河川では、造網型のトビケラ類が優占し極相となる。

フォーセン半島細流調査

ノルウェーの河川の水生昆虫調査では、最も多く生息していた水生昆虫はトビケラ類で五科七種類、二番目にカワゲラ類で二科三種類、三番目に双翅類でブユ科四種類、四番目にカゲロウ類で一種類であった。携巣型のトビケラ類が多かった。典型的な上流域の水生昆虫相である。
ノルウェーに生息する水生昆虫は、『Insekter og småkry I vann og vassdrag』によるとカゲロウ類十六種類、カワゲラ類十一種類、トビケラ類五六種が記載されている。ノルウェーの水生昆虫は圧倒的にトビケラ類の種類数が多い。その中でも植物片を巣の材料に使うトビケラ類が42・6％、巣の材料である植物片は落葉樹の枯れ葉や針葉樹の枯れ葉を使っている。次に砂を巣の材料に使うトビケラ類が25・9％、三番目に小石を巣の材料に使うトビケラ類が18・5％である。

石狩湾に流れ込む河川の河口付近では、カゲロウ類三十種類、カワゲラ類八種類、トビケラ類二二種類である。石狩湾に流れ込む河川に生息する水生昆虫の中でカゲロウ類が最も多く、カゲロウ類が優占する。カゲロウ類の三十種類の中でマダラカゲロウ科十種類、ヒラタカゲロウ科六種類が多い。マダラカゲロウ科とヒラタカゲロウ科は石の表面で生活する。石面が一年を通して水流で覆われる環境が必要である。ノルウェーの河川ではトビケラ類が優占する。

河川の礫相によって水生昆虫は生息する場所が決まっている。ノルウェーの河川の場合、礫の表面は極寒地のために藻類が育ち難い、したがって藻類を食べるカゲロウ類は生息できない。しかし落ち葉を食べて生活するトビケラ類が優占して生息する。

フィヨルドを流れる渓流に生息する水生昆虫

（1）カゲロウ目

ノルウェーの図鑑にはモンカゲロウ科（一種）、トビイロカゲロウ科（二種）、マダラカゲロウ科（一種）、ヒメカゲロウ科（二種）、コカゲロウ科（四種）、フタバカゲロウ科（二種）、フタオカゲロウ科（二種）、ヒラタカゲロウ科（二種）の八科十六種が記載されている。そのうち、コカゲロウの一種がフィヨルドに流れ込む細流で確認された。

①Baetis sp.

幼虫の体長は12ミリ、鰓は楕円形で葉状である。正中線は白色で明瞭である。生息場所は速い流れのある石や植物の間で生活する。ノルウェーの図鑑の「Baetis」属に「Baetis macani」、「Baetis rhodai」、「Baetis sp.」の三種類が記載されている。「Baetis macani」は止水の湖に生息し、生息場所が異なる。「Baetis rhodai」幼虫の体長は10ミリ、鰓が非常に単純な形で、周辺にとげがある。またそれぞれの形態を調べた結果、「Baetis sp.」に近い、この種類に近いものが日本に生息する。上野益三博士が記載している「Baetis thermicus」シロハラコカゲロウである。

ノルウェーのフォーセン半島のフィヨルドに流れ込む細流に、コカゲロウの一種のみが生息する。このコカゲロウは石と石の空間で生活する。冬季で水量が少なくなると、移動して、小さな淵で生活している。

（2）カワゲラ目

ノルウェーの図鑑にはミジカオカワゲラ科（一種）、オナシカワゲラ科（五種）、クロカワゲラ科（一種）、ハラジロカワゲラ科（一種）、アミメカワゲラ科（一種）、カワゲラ科（一種）、ミドリカワゲラ科（一種）の七科十一種が記載されている。そのうち、オナシカワゲラ科二種類とクロカワゲラ科一種類がフィヨルドに流れ込む細流で確認された。

①Nemoura cinerea

幼虫の体長は10ミリ、体色は茶色である。鰓がない。さざ波のある石の下に生息する。

②Amphinemura standfussi

幼虫の体長は8ミリ、体色は茶色である。鰓は前胸部にある。生息場所は細流、または強い流れの石と石の間で生活する。

③Capnia bifruns

幼虫の体長は11ミリ、体色は暗い茶色である。胸部・腹部の胴体がほっそりしている。鰓がない。さざ波のある石の間に生息する。

「Nemoura cinerea」と「Amphinemura standfussi」はオナシカワゲラ科である。両種とも細流の石の下や小さな淵の枯れ葉の間で生活する。「Capnia bifruns」は緩やかな流れの石の間に生息する。

（3）トビケラ目

ノルウェーの図鑑にはナガレトビケラ科（一種）、ヤマトビケラ科（二種）、ヒメトビケラ科（四種）、カワトビケラ科（二種）、イワトビケラ科（七種）、クダトビケラ科（二種）、トビケラ科（二種）、シマトビケラ科（四種）、ホソバトビケラ科（一種）、ヒゲナガトビケラ科（五種）、Beraeidae（三種）、ケトビケラ科（二種）、カクツツトビケラ科（二種）、カクスイトビケラ科（二種）、エグリトビケラ科（十七種）の十五科五六種が記載されている。そのうち、七種がフィヨルドに流れ込む細流で確認された。

①Rhyacophis sp.　ナガレトビケラ科

幼虫の体長は24ミリ、腹部の腹側は平らである。頭部の上面は平らで、肢は短く力強く石にひっかける。生息場所は流れの速い石と石の空間で、巣を作らない。

②Sericostoma personatnm　ケトビケラ科

幼虫の体長は12ミリ、肢が長く、先端に鋭い爪がある。巣はまざりけのない砂からできている。砂は均一に密の状態である。表面はつるつるで水に密着し抵抗が少ない状態である。多くの水が流れて巣が壊されると修理する。

③Silo pallipes　エグリトビケラ科

日本のエグリトビケラ科に属するが、独立した「Goeridae」を設けている。幼虫の体長は10ミリである。巣の大きさは9~12ミリで砂と小石からできている。安定のために側面にいくつかの石が着いている。生息場所は強い流れの川岸、川底である。日本のキョウトニンギョウトビケラに似ている。

④Glyphotaelius pellucidus　エグリトビケラ科
自分自身をかくまうために流水中に葉が横たわっているようである。しおれた葉が浅瀬にあるように幼虫も浅瀬に生息する。巣の長さは23ミリである。日本のスジトビケラ属に似ている。

⑤Anabolis sp.
「Anabolis」属は日本に存在しない。幼虫は頭部前面に斑紋がある。またS字状に盛り上がる。巣はあらい砂と小さな小枝でできている。この巣の中に若い時から大きくなるまで宿る。ごまかす効果があり、魚から保護される。

⑥Odontoceridae　フトヒゲトビケラ科
日本の「Odontoceridae」フトヒゲトビケラ科に該当する。幼虫の体長は10ミリ、体色は茶色である。鰓がなくさざ波のある石の下に生息する。

⑦Phryganopsychidae　マルバネトビケラ科
日本の「Phryganopsychidae」マルバネトビケラ科に該当する。トビケラ類は流れが少しある

細流に生息する。細流の形態は、石が数段連続し、その後に小さな平らの砂地が続く。細流はこの形態が繰り返して海へ入る。この細流の小さな淵や石の下にトビケラが生息する。

（4）甲虫目

①ツブゲンゴロウの一種

体長は4ミリである。頭部は全体的に黒褐色、胸部は褐色で側縁は褐色が薄くなる。胸部は褐色で側縁は褐色が薄くなる。胸・腹部の中央部は縦長の楕円形に高くなる。この部分は黒褐色である。全体の細点刻が一定の間隔で散布する。細流に生息する。

（5）双翅目

『日本産水生昆虫検索図説』（東海大学出版会　1985）に記載されている、上本騏一のブユ科幼虫の属及び亜属の検索表で同定する。

①ツノマユブユ亜属（Eusimulium Roubaud）

体長は7・5ミリ、中央歯は亜下唇基節の先端にある。歯は四本あり、長さは同じである。流速の比較的緩い細流に生息する。

②ツノマユブユ亜属（Eusimulium Roubaud）

体長は5・5ミリ、中央歯は亜下唇基節の先端にある。歯は両端にあり、先がとがる。大顎の亜先端は第二歯が最も大きくなる。

③ブユの一種

ブユの蛹の呼吸糸の分岐は根元から二つに分かれ、その分岐から二本に分かれている。同様なものがもう一つあり一対となる。呼吸糸の分岐数は八本である。

④ヤマブユ亜属（Gnus Rubzov）

ブユの蛹の呼吸糸の分岐数が根元から放射状に十二本ある。狭谷型に生息する。ブユのなかまは、日本では幼虫が雪の下の渓流で発見されることがある。ノルウェーの流速の比較的緩い細流に生息している。幼虫の体形は、ひょうたんを縦に伸ばした円筒形で8ミリ、卵で越冬する。頭部と、前脚や腹部末端にある後吸盤を使って移動し、生活に適する環境に後吸盤で付着する。付着場所は平滑な石の面で、集団で生活する。冬季に雪で覆われると移動しわずかに水の流れる石の下や小さな淵で過ごす。

ノルウェー海洋研究協会のニシンの保護活動

ライフ・ノッテストさんからのメッセージ

２０１５年6月10日、ノルウェー滞在中に、ライフ・ノッテストさんへ八つの質問事項とともに以下の文面をメールで送った。（質問事項は後述）

〈メールの内容〉

日本の北海道（北緯44度）の沿岸では１９５５年頃までニシンが多く獲れました。その後減少していきました。今ニシンの復活を願っています。ノルウェーのニシンは豊富なようで日本はもとより世界に流通しているようです。そこでノルウェーのニシンの保護活動の様子を調査に来ました。ライフ・ノッテスト様どうぞよろしくお願い致します。

２０１５・６・10　大熊光治

ライフ・ノッテストさんから、２０１５年8月20日にメッセージをもらう。「質問事項に関しては後日必ず返事をします」との内容だった。

〈ライフ・ノッテストさんから〉

大熊光治様

ノルウェーのニシンに関する質問事項と著書『気仙沼湾を豊かにする大川をゆく』を海洋研究協会のボジュン・ビダンから受け取りました。本当にありがとうございます。私も日本語を勉強しないといけませんね！

私は今、デンマークのコペンハーゲンにいます。世界各地から集まった同僚と一緒にＮＥＡ（タイセイヨウサバ、ノルウェーサバ）の世界的調査のレポートを作成しています。

来週はスペイン北部のサンセバスチャンに滞在し、海に生息する魚の資源量の見積もりを行います。また、ニシンやノルウェーサーモンの春の産卵期における指導を行う予定です。この調査は、ノルウェー、フェロー諸島、アイスランドの四隻の大型調査船を使って行います。

この調査の主な目的は、夏季の豊富なタイセイヨウサバの量を計算するためです。ノルウェーのニシンに関するご質問については少しお時間を下さい。

私はノルウェーにおいてサバ、アジ、マグロの科学者であり、責任ある立場にいるので、多くの仕事をこなさなければなりません。

どうぞお待ち下さい。お返事は必ずいたします。

２０１５・８・20　ライフ・ノッテスト

ノルウェー海洋研究協会のニシンの保護活動に関する質問事項と回答

その後2015年11月15日に、ライフ・ノッテストさんより八つの質問事項に関する回答が届いた。

〈質問事項〉（2015年6月10日）

（1）海の栄養分は川の水が運んで来るという考えが日本にあります。ノルウェーはどうですか。

（2）海を汚さないために海へ流れ込む川の水質が大切です。水質を管理するために何か行っていますか。

（3）日本では1955年頃からニシンが減少しました。復活のために効果的な方法はありますか。教えてください。

（4）ノルウェーのニシンはおいしいです。その要因は何だと考えられますか。

（5）ノルウェーではニシンを保護するためにどんなことを行っていますか。

（6）持続可能なノルウェーのニシンを漁獲するためにどんなことを行っていますか。また考えていますか。

（7）ノルウェーではどんなニシン料理がおいしいですか。

（8）海を豊かにするために山を大切にするという考えが日本にあります。ノルウェーはどうですか。

〈質問への回答〉（2015年11月15日）

大熊光治様

あなたの八つの質問に回答します。

（1）ノルウェーは海流特にメキシコ湾流によって、高い北緯にありながら、比較的温暖な気候です。また、海洋によって豊富な栄養素、プランクトン、動物プランクトンが海から運ばれて来るために、大規模な漁業、ミンククジラの捕鯨、海の資源の管理と開発とで維持できています。ノルウェーの海の栄養分が豊かなために研究が遅れています。

（2）私たちは汚染物質、重金属、微量元素に関する水質と、食品品質、有毒物質や不要な物質に関する安全基準値を注意深く観察しています。一般的に水はかなりの循環パターンで動くため、海水の質量も早いペースで替わります。

（3）日本でのニシンを含む健康的な魚の資源を確保するために、重要であるいくつかの方法またはは柱があります。ニシンの豊富な推定を含む科学的調査を実行すること、最大持続生産量（MSY）に沿ったアドバイスを行います。ニシンの持続可能な管理を確認し、稚魚には可能な限り最高の保護を提供すること。乱獲を避けるために漁業を制御し、もし法律を破る人が出た場合は、所定の法人制裁の可能性もあるべきです。

（4）ノルウェーのニシンがおいしい理由は、それは動物プランクトン（カラヌス目カイアシ類）を多く食べているので、オメガ3脂肪酸の含有量が高い脂肪を蓄えるためです。

（5）私たちがニシンを保護する方法は、すべての関係者によって受け入れられた国際長期経営計画を決めて実行する事です。これは、漁獲の調整のきまり（HCR）と経営戦略評価（MSE）を含みます。加えて、海の巡回船（コーストガード船）と港の検査（ポート検査など）の両方から漁をコントロールする事です。また、魚の漁獲状況と在庫量の出荷予定を調査し、よい年次計画を科学的に確実にすることです。

（6）私は、このような事前調査や釣り船を使用してどのくらいのニシンやサバがいるのか、量の計測をしたり、ノルウェーの海で生息する他の種を見つけることなど、さまざまな科学的調査に関与するトップの科学者です。

（7）ノルウェーでは多くの異なったニシン料理を作っています。例えばノルウェーニシンのソテー、ノルウェーニシンのバーガー、ノルウェーニシンのパンザネラサラダ添えなどがあります。

（8）ノルウェーの人々は、生きるために常に陸と海からの食料に頼って生活してきました。何千年もの間、ノルウェーの長い海岸線に沿って、漁が主な生活の糧でした。やがて、ノルウェーの人々は身近で安定的な食料を得るために、いくつかの農業を行なってきました。内陸では、農業が盛んで、牛肉と牛乳用の牛、チーズ製品用のヤギの飼育が重要な生活源となりました。

引き続き、あなたの調査と日本のニシンにおける的確な科学的知識、管理体制、再興へのご尽力を応援しています。頑張ってください。ベルゲン、ノルウェー滞在中には、親切に本を頂きありがとうございました。再度お礼申し上げます。

日本のニシン漁業に参考となるノルウェーの取組

ノルウェーに学ぶ

（1）ラックバーゲンの町はニシンで栄えた町であった。山に生えていた木は切り取られて斜面と平らなところは牛やヒツジが飼育されて農業が営まれている。また住宅も多く建った。ラックバーゲンの海は山から海に流れ込む河川の水量も少ない。土砂が流れ込み、海に流れ込む水量が減ってしまった。その結果、ニシンの産卵場所が入り江から遠ざかってしまったことがわかった。

（2）ノルウェー海洋研究協会は、その年に獲る魚の量を検討している。検討項目として、魚ごとにその年の漁獲量、昨年との比較、政府との調整、最終漁獲量、獲れ高、残りの量で管理している。

（3）ノルウェーニシンの保護活動は、ノルウェー海洋研究協会の「ニシンの保護活動に関する質問事項と回答」（191、192～194ページ）を参照すること。

第二部　すばらしい人材が育つ厚田の風土

I　ニシンで栄えた頃、厚田で少年時代を過ごした

梅谷松太郎・筆名　子母澤寛

子母澤寛は『愛猿記』『老犬』など動物を扱った小説を書いている。彼は動物とのかかわり方や上手な動物の飼育の仕方に独特なものを持っていたようである。小説を書くにあたって細かな観察や正確な調査を行っている。彼の文章はわかりやすく流れるように次から次へと進む。したがって読者の思考の流れが連続する。

このような能力が形成されたのは、小学校時代の教育と厚田での生活によるところが大きい。そこで子母澤寛の小学校時代の様子を探ってみた。

故郷・厚田

北海道日本海沿岸の中央より南方の海岸線は湾曲している。湾曲の中ほどに厚田村があった。現在は北海道石狩市厚田区である。湾内には豊かな栄養分を含む厚田川が流れ込んでいる。ニシンやハタハタなどが産卵する海藻が茂っている。産卵期には雄雌が海藻の茂る樹海に集まる。そ

の数は多く、樹海から押し出される。沖からの波で一斉に陸の方にうちあげられ、陸上にも上ってしまう。当然陸上に投げ出された魚は逃げ場を失ってしまう。その様子を子母澤寛は、『曲がりかど人生』の小説の中で「春に鰊、冬は鰰、俗に半里ぐらいは魚の上を踏み渡って沖へ出られる。」と表現している。このような豊漁がしばらく続いた。明治24（1891）年にはニシンがたくさん獲れ、豊漁紀念碑が厚田神社の境内に建てられた。

梅谷松太郎の生い立ち

梅谷松太郎（子母澤）は、明治25（1892）年2月1日、厚田郡厚田村十六番地で生まれ、十五歳まで厚田村で過ごした。明治大学を卒業後、材木屋に勤めたり、新聞記者になったりしてその後、作家となった。作家となった子母澤寛は『新選組始末記』『父子鷹』『勝海舟』等の歴史小説を執筆する。『勝海舟』は昭和52年、NHKの大河ドラマの原作となった。

子母澤は生まれてすぐ、祖父梅谷十次郎・祖母スナの長男として入籍され、主に祖父梅谷十次郎に育てられる。祖父梅谷十次郎は幕府の御家人で彰義隊に加わり、敗れてから榎本武揚艦隊の北上に参加し、函館五稜郭で戦った。その後、明治3（1870）年に逃れてニシン漁業でにぎわう厚田村に行き住み着いた。最初は、土地の網元などをしていた。その後、角鉄（かどてつ）旅籠屋を営んでいた。

厚田はニシンをはじめ海産物の豊富なところである。厚田は人里離れて自然が豊かで入植者を受け入れる環境が整っていた。食うに困らない場所であり、多くの人が本州から入植してきた。

祖父梅谷十次郎はひっそりと僻村にかくれて、ささやかに暮らそうと考えていた。厚田は梅谷十次郎が住むに選んだ場所にふさわしいところであった。子母澤は明治40（1907）年まで厚田で過ごした。この頃にはニシンもハタハタもぱったりと獲れなくなっていた。

子母澤の祖父　梅谷十次郎の存在

彰義隊は、慶応4（1868）年に江戸幕府の十五代将軍であった徳川慶喜の警護などを目的として結成された。梅谷十次郎は彰義隊に入隊し、幕府より江戸市中取り締まりの任を受け江戸の治安維持を行った。

江戸城明け渡し以降も、江戸では彰義隊と新政府との対立が続いており、彰義隊士の手で新政府軍兵士への集団暴行殺害が繰り返されていた。そこで新政府軍は彰義隊を討伐することとなり、江戸市中取り締まりの任を解くことを通告した。これにより、新政府軍の大村益次郎の指揮のもとに上野で彰義隊と衝突した。上野戦争後、彰義隊残党の一部は逃走し、転戦を重ねて函館戦争に参加した者もいた。彰義隊の生き残り者は、牢獄の生活も劣悪で生存率は極めて低かった。獄中の彰義隊士が自由の身になったのは半年後であった。

梅谷十次郎は自由な身になり、札幌で農業を行っていたがうまくいかず、ニシンやハタハタをはじめ海産物の豊富な厚田で生活した。

梅谷十次郎は孫梅谷松太郎を可愛がり、小学校を卒業するにあたって上級学校への進学を勧めた。梅谷十次郎はひどい喘息の持病があり、体調も悪かった。そんな中、孫の松太郎を陸軍地方幼年学校の試験のために札幌まで連れて行ったり、北海道庁立函館商業高校の出張試験のために再度札幌まで連れて行った。梅谷十次郎は北海道庁立函館商業高校の入学式で父兄席に出席でき、大変喜んでいた。その後梅谷松太郎は北海高校へ転校し卒業した。梅谷十次郎は孫松太郎が大学へ進学するのを見届けて亡くなった。

子母澤の厚田の自宅・昔と現在

〈昔〉

子母澤の自宅のある厚田へは国道二三一号を行き丘陵地の別狩に立つと、眼下に厚田村がある。子母澤が中学校の頃、札幌から村へ帰る時、厚田の自宅と自宅周辺の様子を『夜逃げした厚田村』の中で書いている。

「この村へ帰るときは、この村への降り口の細い道にたって、村の真ん中ごろにある自分の家の柾ぶき屋根の二階をいつまでも見ていた。東の峠を越えてきたきれいなそんなに大きくはない川が村の真ん中を通って流れている。」

自宅の二階に上ると村じゅうをみわたすことができた。子母澤はひろい間取りの家で生活していた。

〈現在〉

厚田川に架かる河口付近の栄橋を渡って、戸田旅館の前の道を北へ向かうと十字路があり、佐藤水産を見ながら十字路を左折する。道路沿いに創業一〇〇年以上の妹尾豆腐店があり、手作り豆腐と油揚げは売り切れるほどおいしい。その隣に子母澤寛の生家跡がある。今は空き地となっている。「作家子母沢寛生家跡」の石碑がある。その道をさらに西へ向かうと石狩湾へ出る。

子母澤が少年の頃、厚田川へ遊びに行くにも、厚田の海へ遊びに行くにも同じぐらいの距離で自宅から約500メートルであった。また、厚田小学校も同じぐらいの距離にある。厚田の町の真ん中に子母澤の自宅があった。

厚田村での幼年・厚田村立厚田小学校時代

自然豊かな中での生活

①よく遊びに行った厚田川

厚田川の河口近くに瀬がある。その瀬の川床は礫が三重に重なる早瀬と淵が連続する。水量も豊富であった。子どもたちが水遊びする場所として最適なところである。川の中には、ゴリとカジカが群れ、ウグイ、ヤツメウナギ、ザリガニ、サワガニ、カワエビ、イモリが多く生息する。ザリガニは日本産在来種で北海道、東北地方に生息し、秋田県が南限である。体色は濃い褐色である。子母澤は友達と川底へもぐって、岩の下を掘ってサワガニをつかみ出したりして日の暮れるまで遊んでいた。

②よく遊びに行った厚田の海

子母澤が過ごした幼年・厚田村立厚田小学校時代の海はニシン、ハタハタ、タラ、タラバガニも多く獲れた。春にニシン、冬はハタハタが海に盛り上がり岸へ押しよせられていた。

夏の間、朝早くから川尻に集まって、板子をもって沖の方へ泳ぎ出たりして遊んでいた。

③小説『厚田村』の中での自然

松山善三は小説『厚田村』の中で、厚田の自然について書いている。厚田にはリス、キツネ、ネズミが生息し、空にカモメ数千の乱舞、数百のカラスが頭上を餌を求めて舞う。アカゲラキツツキ、ミンミンゼミの鳴き声が聞こえる。植物はエゾツツジ、ワラビ、ウド、ヤマブドウ、蕗、シラカバ、ミズキ、ミズナラ、ニレ、タケノコ、アイヌネギが多く生育していると書いている。

私は、子母澤が少年時代を過ごした空間を味わいたかった。平成26（2014）年6月26日、子母澤が生活した厚田の生家跡に立った。厚田の町並みは空き地が多く変わってしまった。トビは上空をピー，ヒョロ，ヒョロと鳴きながら飛んでいる。尾をV字に開き、羽根の裏側に白い線状の模様が数本ある。時々、電柱の頂上に止まり、あたりを見渡す。カモメが飛んでいる姿を腹側から見ると足とくちばしが黄色である。留鳥として日本に生息しているカラスのなかまはハシボソガラス、ハシブトガラス、ワタリガラスの三種類である。くちばしの形態で分類すると厚田に生息するカラスは、くちばしが太く、上のくちばしの先端が下のくちばしを少し被せる特徴があり、ワタリガラスである。ムクドリ、セグロセキレイ、キジバト、ウグイスも厚田港近くで見られた。

厚田小学校での学習内容

子母澤寛は就学前、豊かな厚田の山・川・海で自然体験を経験してきた。子母澤は明治32（1899）年に厚田小学校へ入学し、教科書を初めて目にすることになる。小学校の学習内容が「小學校令施行規則」に定められていた。

小學校令施行規則

第一章　教科及び編制

第一節　教則

第一條　小學校ニ於テハ小學校令第一條ノ旨趣ヲ遵守シテ兒童ヲ教育スヘシ

第二條　修身ハ教育ニ關スル勅語ノ旨趣ニ基キテ兒童ノ徳性ヲ涵養シ道徳ノ實踐ヲ指導スルヲ以テ要旨トス

第三條　國語ハ普通ノ言語、日常須知ノ文字及文章ヲ知ラシメ正確ニ思想ヲ表彰スルノ能ヲ養ヒ兼テ智徳ヲ啓發スルヲ以テ要旨トス

第四條　算術ハ日常ノ計算ニ習熟セシメ生活上必須ナル知識ヲ與ヘ兼テ思考ヲ精確ナラシムルヲ以テ要旨トス

第五條　日本歴史ハ國體ノ大要ヲ知ラシメ兼テ國民タルノ志操ヲ養フヲ以テ要旨トス

第六條　地理ハ地球ノ表面及人類生活ノ状態ニ關スル知識ノ一斑ヲ得シメ又本邦國勢ノ大要ヲ理會セシメ兼テ愛國心ノ養成ニ資スルヲ以テ要旨トス

第七條　理科ハ通常ノ天然物及自然ノ現象ニ關スル知識ノ一斑ヲ得シメ其ノ相互及人生ニ對スル關係ノ大要ヲ理會セシメ兼テ観察ヲ精密ニシ自然ヲ愛スルノ心ヲ養フヲ以テ要旨トス

第八條　圖畫ハ通常ノ形態ヲ看取シ正シク之ヲ畫クノ能ヲ得シメテ兼テ美感ヲ養フヲ以テ要旨トス

第九條　唱歌ハ平易ナル歌曲ヲ唱フコトヲ得シメ兼テ美感ヲ養ヒ徳性ノ涵養ニ資スルヲ以テ要旨トス

第十條　體操ハ身體ノ各部ヲ均齊ニ發育セシメ四肢ノ動作ヲ機敏ナラシメ以テ全身ノ健康ヲ保護増進シ精神ヲ快活ニシテ剛毅ナラシメ兼テ規律ヲ守リ協同ヲ尚フノ習慣ヲ養フヲ以テ要旨トス

第十一條　裁縫ハ通常ノ衣類ノ縫ヒ方及裁チ方等ニ習熟セシメテ節約利用ノ習慣ヲ養フヲ以テ要旨トス

第十二條　手工ハ簡易ナル物品ヲ制作スルノ能ヲ得シメ勤労ヲ好ム習慣ヲ養フヲ以テ要旨トス

第十三條　農業ハ農業ニ關スル普通ノ知識ヲ得シメ農業ノ趣味ヲ長シ勤勉利用ノ心ヲ養フヲ以テ要旨トス
第十四条　商業ハ商業ニ關スル普通ノ知識ヲ得シメ勤勉敏捷ニシテ且信用ヲ重スルノ習慣ヲ養フヲ以テ要旨トス
第十五條　英語ハ簡易ナル會話ヲ爲シ又近易ナル文章ヲ理解スルヲ得シメ處世ニ資スルヲ以テ要旨トス

（小學校令施行規則ヲ定ムルコト左ノ如シ　明治三三年八月二一日）

教科として修身、國語、算術、日本歴史、地理、理科、圖畫、唱歌、體操、裁縫、手工、農業、商業、英語を学んだ。

尋常科小學讀本

子母澤は作家になり、好んで動物を飼育した。子母澤の動物愛に影響を及ぼしたと考えられる小学校の国語と理科の学習内容があった。

①国語の内容

尋常小学校では『北海道用尋常小学校読本』巻一～八（文部省）で学習した。入学してすぐに絵に文字をそえて、言葉を覚える。教科書の一ページにイヌ、カニ、サルの絵と言葉で書かれている。

子母澤が藤沢市鵠沼海岸の自宅近くをイヌとサルを連れて散歩している写真に似ていた。

高等小学校では坪内雄茂著『国語読本　高等小学校用』の教科書で学習していた。単語から短文に「くろい　いぬ」など絵を見ながら子どもが物語を聞き、その状景を思い浮かべられるような構図である。

②理科の内容

明治19（1886）年の小学校令により博物、物理、化学、生理にわかれていた教科が理科に統一された。教科書の名称も「理科教科書」になった。尋常小学校に理科はなく、高等小学校から毎週二時間学習する。北海道は学海指針社編『小学理科』四巻で学んだ。『小学理科巻一』第十課で「犬及び川、海にすむ魚」を学習していた。

厚田村立厚田小学校の卒業

子母澤寛は祖父梅谷十次郎に育てられ、厚田小学校で学んだ。小学校時代を過ごした厚田小学校を平成26（2014）年6月26日に訪問する。作家子母澤寛や大相撲横綱吉葉山、宗教家戸田城聖の出身小学校でもある。それぞれの業界での業績が厚田小学校に紹介されていた。

子母澤寛が卒業した小学校の卒業生台帳はどんなものか閲覧したくなった。高橋たい子校長に厚田小学校の卒業生台帳の閲覧をお願いした。大変古い卒業生台帳であり、少し時間をかけて調べて報告いただくことになった。

高橋たい子校長は厚田小学校の開校からの卒業生台帳を調べてくれた。その結果、明治43（1910）年以降の厚田小学校の卒業生台帳は確認できた。だが、厚田小学校の第一回明治29（1896）年から明治42（1909）年までの卒業生台帳は確認できなかった。しかし、厚田小学校「開校九十周年記念誌」昭和42（1967）年があり、この記念誌に梅谷松太郎は、厚田村立厚田小学校尋常科修業年限四年　第八回明治36（1903）年卒業生四九名とともに記載されていた。その後厚田村立厚田小学校高等科修業年限四年を卒業する。卒業生台帳がないのに卒業生証書をどう出したか不思議に思った。

そこで、教育のことについて専門の窓口のある埼玉県立浦和図書館を訪ねた。埼玉県立浦和図書館社会科学カウンターの教育を担当する窓口で調べていただいた。

〈質問事項〉

「小学校卒業生台帳」の法的根拠を知りたい。埼玉県は明治29（1896）年からずっと保存されているが、子母澤寛の厚田小学校の明治36（1903）年卒業を確認しようとしたら、台帳がなくて確認できなかった。

北海道石狩市では明治43（1910）年からの「小学校卒業生台帳」が残っている。

〈回答〉

明治期の小学校に関する法令を調査しましたが、卒業生の台帳に関する規定は見つかりませんでした。

現在では、学校に備えなければならない表簿と保存期間は学校教育法施行規則第二十八条に定められていますが、卒業生の台帳については、直接の規定はありません。地方教育行政の組織及び運営に関する法律三十三条一項により、学校の管理運営の基本事項について必要な事項として、各自治体（市町村）の教育委員会が学校管理規則で定めているようです。したがって台帳の名称について統一されておらず、規則ごとに規定されることになります。

厚田村立厚田小学校卒業の法的根拠

文部省は教育資料調査会を設置し、明治以降の教育制度について調査研究を行った。そして教育史編纂会代表関屋竜吉は『明治以降教育制度発達史　第一巻』を昭和13（1938）年に発行し報告した。この報告書によると、文部省は明治33（1900）年「小學校令施行規則」において教訓尋常科修業年を定めた。「小學校令施行規則第一章第二十四條」に〈卒業証書ヲ授輿スヘシ』とある。

小學校令施行規則
第一章　教科及び編制
第一節　教則
〈教訓尋常科修業年〉
第二十三條　小學校ニ於テ各學年ノ課程ノ修了若ハ全教科ノ卒業ヲ認ムルニハ別ニ試験ヲ用フルコトナル兒童平素ノ成績ヲ考察シテ之ヲ定ムヘシ
第二十四條　學校長ハ修業年限ノ終ニ於テ尋常小學校若ハ高等小學校ノ教科ヲ修了セリト認メタル者ニハ卒業証書ヲ授輿スヘシ
（小學校令施行規則ヲ定ムルコト左ノ如シ　明治三三年八月二一日　文部省令第十四号）

卒業生台帳について法的根拠はない。しかし埼玉県の小学校は卒業生台帳を残していた。

厚田小学校卒業から高校までの激動の時代に影響を与えた人々と祖父との別れ

祖父・十次郎と青年期の子母澤寛

子母澤寛の祖父は幕府の御家人で彰義隊に加わり、敗れてから榎本武揚艦隊の北上に参加し、函館五稜郭で新政府軍と戦った。祖父は彰義隊の頃、多くの人と交流があり、人の生き方や人柄も見てきた。厚田では御家人崩れだが学識や胆力があり、網元や旅館を経営していた。ニシンやハタハタがぱったりと獲れなくなると生活も厳しさを増してきた。孫の子母澤にはこれからの人生設計について身をもって教えた。小学校卒業後の進路について第一に軍関係の仕事、第二に学問を身に着けることを考えた。最初、子母澤は陸軍地方幼年学校への試験を受けた。身体検査で右の耳が聞こえず不合格となった。次に北海道庁立函館商業高校を受験し合格した。

子母澤は厚田小学校を卒業すると、明治40（1907）年4月、北海道庁立函館商業高校に入学する。学芸会で先輩へ新入生を代表してあいさつを行い、校長先生にほめられた。優秀な成績で合格したようだ。一年生の夏休み、厚田に帰っていた。明治40（1907）年8月25日の夜、函館の大火災で商業高校と下宿が燃えた。寝具布団も机、本箱などみんな焼けてしまった。この頃、子母澤の家は経済的に厳しく、再度下宿の準備や函館までの交通費さえ出してやれなかった。

子母澤は祖父に「じっちゃ、いいよ、もう学校なんかいいよ」と言って商業高校を中退した。

明治41（1908）年3月3日、厚田に住んでいた祖母が亡くなる。祖母は子母澤の手をとってとぎれとぎれに「偉い人になって、じっちゃんを喜ばせるんだよ」と言った。祖母は心のやさしい人、かたちばかりでなく心も仏さまで祖父に決してさからう事はしなかった。

明治41（1908）年、私立小樽商業（現在の北照高校）に転校した。しばらく小樽商業で学び、小樽商業二年生在学の証明書をもらい、明治41（1908）年度三学期札幌の北海中学校の二年生に転校した。

祖父は妻を亡くし、厚田でしばらく一人住まいであった。厚田での生活も厳しさを増してきた。祖父は厚田から札幌の中島公園近い家に引っ越した。子母澤は祖父と二人で生活しながら中学校に通った。

安倍雨亭先生との出会い

子母澤は北海中学校に転入の際、安倍雨亭先生にいろいろと骨を折ってもらったようだ。安倍雨亭は明治大学法科専門部を卒業し、東京で「萬朝報」の記者であった。その後、北海中学校に教師として着任した。子母澤は安倍雨亭先生が東京で記者をやっていたこともあり、親近感を持つようになった。安倍雨亭先生は修身の担当だが、数学以外に理科でも化学でも何でも教えた。教え方は教科書を棒よみにして、時々「で、このー」ということばをいれるだけで、時間が来ればさっと行ってしまう。子母澤は安倍先生から、「人づくり」の基礎をたたきこまれた。子母澤は安倍先生と気が合い尊敬していた。子母澤の成績は国語、漢文、歴史などは割にいい点をもらっていた。数学の代数の方程式は全然わからずに全部鵜呑みに暗記をした。

子母澤は卒業にあたり、安倍雨亭先生に進路相談をした。安倍先生は、明治大学法科専門部学生時代の恩師で東京帝国大学出身の国文学者内海月杖（好蔵）を紹介し、明治大学法科専門部へ進学するように勧めた。そして子母澤は明治大学法科専門部へ進学した。安倍先生は子母澤が明治大学法科専門部で勉学することを内海月杖先生へ頼んだ。そして、安倍先生は内海月杖宛の紹介状を子母澤に持たせた。

内海先生は子母澤が法律家になるために月謝を出してくれた。卒業間近に子母澤は内海先生を裏切って新聞記者になることを決めた。内海先生は専門部の教師でなく予科の教師であり、部を超えて子母澤を指導してくれた。

祖父との別れ

祖父は明治44（1911）年3月18日に亡くなった。子母澤は卒業間近であり、急いで縁もゆかりもない寺へ遺骨を預けて東京へ行った。祖父が亡くなった後、子母澤は全くの孤独になってしまった。

その後、子母澤は厚田での少年時代に学んだことや中学の教えをもとに人生を切り開いていく。自分の目標である将来作家になることや楽しい日常生活の設計を描いていた。

大学卒業後、少しの余裕ができたので、祖父の遺骨を探すことにした。祖父の遺骨を預けた豊平町の経王寺でどう捜してもらってもお骨はなかった。すでに無縁仏になっていた。祖母の遺骨は、厚田の火葬場の近くの丘の一番見晴らしのいいところに埋葬したが、場所もわからなくなった。また祖母の分骨を持っていたが、その後、わからなくなった。結局、祖父・祖母の遺骨が見つからなかったので、子母澤は静岡の富士郡大石寺に五輪の墓を建てて供養した。

子母澤寛は作家としての名前・本名 梅谷松太郎

子母澤寛の名前は思い出せるが、本名梅谷松太郎はなかなか思い出せない。また、名は松太郎か、十次郎か混乱する。子母澤寛は語句の響きもよく、覚えやすい。子母澤寛の名前の由来と利用について調べた。

『新選組始末記』出版の頃から子母澤寛を使う

梅谷松太郎は昭和元（1926）年2月、東京日日新聞社に入社し、仕事をしながら古老の見聞き調査をもとに新選組の調査をしていた。

この頃の東京日日新聞社での様子を子母澤は、「思うこと抄・桜の木のある家」の文中で「東京日日新聞社に内職はいかんといってひどくこういう事の嫌いな偉い人がいた。そうでなくても私はこの人に嫌われていたからどうしてもペンネームでなくてはいかんのでした。」と書いている。

このような環境の中でも、小説を書き続けた。子母澤はペンネームをどうするか考えていた。そして、昭和3（1928）年『新選組始末記』を万里閣書房から刊行する。筆名は子母澤寛を使う。奥附には、梅谷松太郎と記されてある。この時はじめて子母澤寛を使用した。

子母澤は、東京日日新聞社とついに決断し、昭和8（1933）年10月退社した。文筆一本の生活になった。

住んでいた東京市大森区新井宿子母澤の自宅環境

昭和3（1928）年、大森区新井宿子母澤一〇一五に居住する。大森駅から本門寺へ続く古い池上（いけがみ）街道があった。子母澤という地名は丁度その真ん中頃にあった。

子母澤は、周囲の環境を「思うこと抄・桜の木のある家」の文中で「庭に大きな桜の木がありましてね、眼かくし垣根の向こうが東の方から西の山に突当る往来です。…山というのは…広い高地でその裾をめぐって細い流れがある。夏はここに一ぱい蛍がいた。この辺一帯を子母澤(しもざわ)という。私はここに住んで下っ端の新聞記者でした。…私はそんな環境の中で、小説のようなものをかくようになったのです。」と書いている。

新井宿子母澤の周辺は小高い山や細流があり、自然豊かで様々な動物が見られた。少年時代を過ごした厚田に近い環境であった。子母澤が住んでいた東京市大森区新井宿は、現在の東京都大田区中央四丁目である。

子母澤寛の筆名の由来

作家の中沢圣夫は昭和10（1935）年頃、大森にある子母澤のお宅を訪ねた。大森駅から池上の方へいくバスに乗り、子母澤という停留所で降り、右へ坂をのぼりかけたところに自宅があった。子母澤はこの住居をよほど気にいっていて、その地名の子母澤を筆名に使った。また、作家の白井喬二によると歴史読本の座談会の時、ペンネームの話が出た。その時席上の子母澤氏に、誰かが「あなたの寛は、菊池寛の寛をつけたのですか」と問うた。子母澤氏は「半分ね」と答えた。半分はそうだが、子母澤は「実はカンと語呂の響きが好きでね。」と言った。

子母澤寛の「子母澤」は地名から、「寛」は菊池寛の寛から命名した。子母澤は、『逃げ水』『父子鷹』『おとこ鷹』などの幕末維新の作品が評価され、昭和37（1962）年3月ホテルニュージャパンで菊池寛賞を受賞する。また、直木賞選考委員として委員会で尊敬する菊池寛の右隣に座って会議をした。会議に出席していた子母澤の姿は、頭髪はスポーツ刈りで、服装はワイシャツにネクタイである。緊張気味で姿勢は正しく、各委員の意見を真剣に聞いていた。

子母澤寛の動物愛

子母澤が書いた小説に『愛猿記』『老犬』『美声鳥（このじ）』などの動物を扱った作品が多くある。動物を扱った小説を書くのは難しいようである。子母澤と動物とのかかわりには人の動き、表情、声掛けに動物の心理を考えた行動がある。基本は動物の気持ちを受け入れる動物へのやさしさ、奉仕の精神である。野生動物の心理を上手に利用している。

自然を大切にする態度や動物を飼育することは、少年の頃の自然体験が大きく影響すると言われている。特に自然体験は脳の発達上、十歳までに形成されると言われている。

子母澤は遊びの空間で毎日のように自然に触れていく中で、動物との接し方を無意識に脳に定着していった。動物は飼い主の行動をよく見ている。やさしく対応すると飼い主になつき、厳しく対応すると萎縮して反応はよくない。
子母澤が飼育する動物は、子母澤の感情を移入している。動物たちは、子母澤の感情を受けて安心して行動する。

幼年・小学校の厚田の自然環境

子母澤が少年時代を過ごした厚田村には中央に厚田川が流れている。厚田川での生活について「東から丘をこえてきた流れが村の真ん中を通って西の海へ注ぐ。川にはウグイやゴリのような小さなザコが手ですくえるほどいた。子どもたちは夏の間、朝早くからこの川尻に集まって板子をもって沖の方へ泳ぎ出たり、川底へ潜って岩の下を掘ってかにをつかみだしたり、日の暮れるまで遊んでいる。十二、三歳まで遊んだ。」(『曲がりかど人生』)、また「この川に季節になるとサケが登ってくる。ゴリも子どもたちが手ぬぐいを網代わりして一升や二升すくうのは容易であった。みそ汁にしたり、つくだ煮をつくった。ゴリ汁にも使った」(『夜逃げした厚田村』)と書いている。

子母澤は川に生息する生きものの観察や川に生息する魚を採集した。子母澤は十二、三歳までに豊かな厚田川での自然体験を通して自然の中での遊び方を十分学んでいる。

オナガ・ウグイス・美声鳥を飼う

①オナガを手なずける

子母澤が住んでいた藤沢の庭には、四季折々にいろいろな色の着いた花が咲いていた。とてもきれいな庭である。寒椿、山茶花、紅梅、大きな桜、松の巨木があり、庭には笹が茂っていた。このような庭に多くの小鳥が飛来していた。

子母澤の庭にはよくオナガが来た。オナガは松の木に巣を作り、子鳥を育てていた。うぶ毛が生えたばかりの子鳥が時々落ちた。首が砂に埋もれているオナガ二羽をずいぶん苦労して育てた。オナガの餌付けは大変であった。「ブーチャン」と名付けた。オナガが「ハーイ」「オーイ」と呼ぶので、子母澤が「アイオ」と返事をすると、今度は「ブーチャン」という。「オハヨー」というと、ブーチャンは「オハヨー」と答える。オナガは餌を口いっぱいに頰張り、子母澤にくれる。子母澤は口を出してこれをもらって、うしろをむき、そっと吐き出す。オナガはそれをくれと叫ぶ。

オナガは勇ましく、しかも美しい姿である。人なつこく、教えればいろいろな物まねをする。名前を呼ばれれば「ハーイ」といって返事する。

オナガはユーラシアに生息する留鳥で、本州・北九州に生息する。人里で生活し、害虫を捕り益鳥でもある。しかし、果実を食べて荒らし害もある。

子母澤は動物と楽しみながら、心豊かな生活をしていた。

②名鳥のウグイスを求める心

子母澤は藤沢市鵠沼海岸に住んでいた。自宅の南向きの縁側から庭に鳥籠をだして、名鳥の声を楽しんでいた。深川の小鳥屋の遠山四郎が育てたウグイスは「一鳴きいくら」で名鳥扱いされた。子母澤は遠山氏からウグイスの鳴き声の指導を受けて、小鳥の鳴き声や止まり木を移動する動きを楽しんでいた。

③銘鳥　美声鳥を求めて出雲へ

美声鳥はスズメ科の鳥、低山帯の雑木林に繁殖し九州で越冬する。しかし、出雲では留鳥である。夏に月を観て啼く珍しい鳥である。美声鳥の鳴き声は夏の暑さ、湿度、天候の加減などでその美声が変わる。子母澤は天保9戊戌年版の『出雲野鵐々』という秘本を知り、東京の古本屋でとうとう探し求めた。『出雲野鵐々』を読み、さらに美声鳥に夢中になって、たびたび出雲にも行き美声鳥を手に入れた。

松江に有田寅十という美声鳥作りの名人がいた。この人の手で育てた全くほれぼれする名調子の美声鳥に会い、お願いして十羽飼った。この銘鳥を求めて他の人が出雲へ行ったら、それなら東京の子母澤のところへ行けと言われた。その人はすぐ子母澤のところへ行って美声鳥の話を聞いていた。

藤沢市鵠沼海岸の自宅の屋敷に二三匹の犬

子母澤は犬好きであった。一時自宅の屋敷に日本犬十七頭がいた。それでも貪欲でいい犬がいるとそれもほしい、これもほしいと飼ってしまった。そのほかに秋田犬、樺太犬、紀州犬、アイヌ犬がいた。秋田犬は交じり毛もない赤一枚でばりっとした形である。性質もおとなしそうだし、気に入って飼う。樺太犬は小男の人間ぐらいの大きさである。真っ黒くて、毛艶もつやつやしてまるで熊のようである。飼っている人が手に負えなかった。しかし、この犬はすごくいい性格である。この犬に「熊」という名前を付けて飼っていた。

甲斐虎は甲斐犬とも言う。日本犬の一種で、虎毛で猟犬に利用されている。二匹もらい飼っていた。二匹の甲斐犬は情の細やかな実に可愛い、いい犬であった。

子母澤は毎日午前中、お猿と犬を連れて近くを散歩する。時間が取れれば庭で小鳥の鳴き声を聞き、愛犬と戯れていた。

子母澤と三ちゃん（ニホンザル）との生活・つきあい方

小鳥屋の店先に昭和50（１９７５）年頃まで、猿を檻に入れて陳列し販売もしていた。飼っている人の管理の不手際で猿が逃げ出して人に危害を加えることも増えてきた。次第に店先から猿が消えていった。動物園では猿は人気のものである。最近、猿回しが大型店舗の駐車場で芸を行っている様子を見かける。

ニホンザルはオナガザル科に属する。オナガザル科のサルの仲間はほとんどがインド、インドネシアなどの旧熱帯区に生息している。そしてオナガザル科のサルは尾が長く、尾で枝にぶら下がり、移動の手段に使っている。

ニホンザルは日本の固有のサルである。北は青森県から、南は屋久島列島まで生息する。ニホンザルの尾の長さは10センチである。体温の消耗を少なくするように尾を短くして分布を広げた。ニホンザルは霊長類の中で最北限に分布するサルである。下北半島北西部及び南西部のニホンザルは個体群及びその生息地が昭和45（１９７０）年に「下北半島のサル及びサル生息地」として国の天然記念物に指定された。長野県地獄谷野猿公苑には寒い時、雪の中温泉につかるニホンザルもいる。サルは熱帯を中心に分布しており、世界的に見ればこのような光景はめずらしいことである。また、若いメスのニホンザルが、餌のサツマイモを水で洗って食べることや海水で洗い、海水で味付けして食べることをはじめた。最近、魚を捕らえるサルまで現れた。

子母澤は猿との生活を楽しみ、三代にわたって飼育して、猿との生活を『愛猿記』として書いている。一、二代はニホンザル、三代はタイワンザルである。次から次へと猿が子母澤のところへ持ち込まれ、三匹まで飼った。

最初の猿は大騒ぎをした猛猿である。この猿が子母澤のところへ引き取られた。子母澤と猿はさまざまな失敗を重ねながら、交情を深めていって最後は子母澤になついた。猿と生活を共にするしつけは根競べ、最後に子母澤の人間性でしつけて成功する。猿に「三ちゃん」と名前を付けた。（以下、①～④『愛猿記』より）

①猿のしつけ

ある日、雑誌社の人が子母澤の家に雑誌の原稿を取りにきた。雑談の中で、雑誌社の人が子母澤に栃木の奥に住む猿使いの名人が業平橋に泊まっていると話した。子母澤は〆たッと思い何か用事をお願いする時、いつもするようにお酒の壜を持って、猿使い名人を訪ねた。猿使いの名人は、「猿のしつけの基本は親方に咬みついても駄目だと教えることだ」と言った。さらに「猿の急所の、首ねっこを攻める。いきなり、その猛猿の首ねっこへ大きく口を開いて咬みつくんだ。力一ぱいにな。どんなにあの首の皮を咬み切ろうッたって破れやしねえから、本当に力一ぱいにやるのさ。それあ猿だって痛てえから、あばれるさ。引っかきもするさ。が、ものの五分もやってると、もう降参だよ。お前さんならたぶん大丈夫だろう」と言った。さらに猿飼いの名人は「猿を教え込むには第一夜中、人が寝静まって、四辺がしーんとしてからでなくてはいけない。猿と自分とたったふたり切りで、あわてず怒らず、一つ教えたら何百回何千回、覚える迄それを繰り返す。いくら覚えなくても対手が猿なんだから、腹を立てたら駄目だ。とっくりと得心の行くように、何万回でも繰り返す。その間、外の人がみていてはいけない。猿はね。昔から立てたら百両といったもんだ猿が立て、三歩でも四歩でも歩き出したら、ただそれだけでも値打ちもんだよ」とも話した。

子母澤は早速、猿使いの名人の教えをもとに猛猿を思い切って廊下へ投げ出した。二十回投げ出したら猛猿は立った。再度、猛猿を廊下へ投げ出した。猿は立回り、右へ左へ自由自在に歩き出した。子母澤は猿を抱いて、頬ずりしてやった。

子母澤は猿使いの名人の指導のもとに次々と猿に芸を教える。

②猿と風呂に入る

子母澤が浴槽へ入り首まで浸かっていると、猿はぱっと不意に浴槽へ飛び込んできた。子母澤は気持がわかったような気がして猿を抱いて首の辺りまで湯に浸してやった。石鹸で猿のからだを綺麗に洗った。毛が美しくなって、水色の肌がすき通るようになった。それから猿は好んで風呂に入るようになった。

③食事がだんだん贅沢になる

猿の主食はご飯のおにぎり、残り飯に味噌を付けた。温かいご飯のおにぎりを食べさせたら、よく食べた。またおにぎりに味噌を付けたものでは食べなくなり、砂糖を付けたら大変喜んで食べた。猿はバナナ、ニンジン、卵、葡萄、だんだん贅沢になった。

④とうとう猿に酒を飲ませる

飼っていた猿が突然、鉄棒の柱へ上ることもしなくなった。猿は二度も三度も死んだようになって横になっていることが多くなった。医者に診てもらったが原因は不明だった。猿は寝酒が好きですと医者は言った。

子母澤は猿に寝酒でも少しずつ飲ませた。盃で五杯位の寝酒を飲むようになった。はじめて一杯やった。ところが、猿はウォウォ、よろこびの声を出す。最上の喜びの声をだした。酒をついでやると、猿はウォウォと声を出す。いつも五杯でやめた。

そのほかにも、猿は郵便受から新聞を持ってくることも覚えた。また雑誌を持ってくることも覚えた。

子母澤には特殊な能力がある。まず、子母澤は猿にとって安心できる人である。つぎにサルの鳴き声がほかの人には聞こえないが、子母澤には聞こえる。鳴き声が記憶され、少しの音でも聞こえるのである。子母澤は猿に忠誠心を持たせ、信頼が生まれた。また猿の行動を受け入れて次第に様々な芸を身に付けさせる。

普通の人になく特殊な分野で働いている天才脳を子母澤は持っている。茂木健一郎脳科学者は普通の人になく特殊な分野で働いている脳を天才脳と言っている。

子母澤の動物に対する姿勢

①子母澤は何事にも興味・関心を持ち、最初に文献を徹底的に調べる。
②飼育したい動物には執着心をもって、現地に行き自分の目で見る。
③飼育する動物をよく観察し、行動の仕組みがわかる。動物と対話ができるようになる。
④最後には専門家になり、子母澤に聞けばよい回答が得られる。

動物好きな子母澤が過ごした少年時代の自然環境と動物との生活

①自然界に生息する動物の個体数が多く、印象に残る。
②自然体験の頻度が多く、いつのまにか記憶される。
③自然の中で過ごした時間が多い。
④動物と初めて体験した時、感動（あ、すごい）、驚き（形、生活に対して不思議と思う）がある。これらの自然体験がいつまでも残り、何かの要因で呼び覚まされ行動に移る。

現在　ニホンザルを飼うには

以前は野生の猿を許可なく、飼うことができた。しかし、動物の愛護及び管理に関する法律（昭和48年）が制定されると、法律のもとに許可を得て飼育しなければならなくなった。主な内容は、人の生命、身体等に危害を加えるおそれのある危険な動物は、飼養または保管のための施設が必要となった。

許可を受けようとする者は、環境省令で定めるところにより、都道府県知事に提出する。

〈主な内容〉

1　氏名又は名称及び住所並びに法人にあっては代表者の氏名
2　特定動物の種類及び数
3　飼養又は保管の目的
4　特定飼養施設の所在地
5　特定飼養施設の構造及び規模
6　特定飼養施設の飼養又は保管の方法
7　特定飼養施設の飼養又は保管が困難になった場合における措置に関する事項
8　その他環境省令で定める事項

動物の愛護及び管理に関する法律施行の特定動物一覧の中に哺乳綱の中に霊長目オナガザ

ル科ニホンザルは含まれている。タイワンザル、カニクイザル、及びアカゲザルを除く特定動物の飼養許可は必要ない。

9　特定飼養施設の構造及び規模とは体力及び習性に応じた堅牢な構造であり、かつ外部からの衝撃により容易に破損しないものである。おり型施設、移動用施設にいずれかである。

10　特定飼養施設の飼養又は保管の方法は、左右の肩甲骨の間又は左耳基部の皮下マイクロチップの埋め込みを行う。獣医師が発行した証明書を都道府県知事に届け出る。逸走した場合にあってもその所有者の確認ができる。

交友のあった作家

子母澤の交友関係は作家、写真家など幅広い。これらの人たちからの子母澤の人柄、エピソードを紹介する。

子母澤寛の交友関係（つながりのあった二一人の人々）

①有竹修二・新聞記者　～真実幻想の作品

小柳亭という講談の定席があった。この定席は講釈場としてもっとも著名で文化的な寄席である。高座近いところに子母澤寛氏の姿をよく見た。子母澤は読売新聞から毎日新聞へ引き抜かれ、社会部の遊軍記者として活躍していた。東京日日には文章家として有名な小野賢一郎がいた。この人の志向に合った記者が子母澤寛であった。

子母澤寛氏の作品を見て感じるのは「真実幻想」である。いかにも事実らしき、いかにもありそうな感じがする。子母澤は脚で歩いて材料を集めるのが本領の人である。

②池波正太郎・作家　～子母澤は「一鳴きいくら」のウグイスを育てる

深川の小鳥屋に遠山という人物がいた。池波正太郎の義理の叔父にあたる遠山四郎である。遠山の叔父が養子に行って小鳥屋となった。叔父が飼い育てたウグイスは、いわゆる「一鳴きいくら」という名鳥扱いされる。その世界では、叔父は名人扱いされていた。

この頃、子母澤は鵠沼に住んでいて小鳥屋と交流があった。自宅の縁側で名鳥を飼い、その声を楽しむためによく庭に鳥籠を出していた。池波が小鳥屋の遠山の話をしたことから、晩年の子母澤は池波を可愛いがっていた。京の新選組の屯所の跡地などの世間話を楽しみにしていた。また、京で、昔子母澤が歩いたところを池波が写真に撮り、さしあげると、大変喜んでいた。いつも感動された様子だった。

また、『鬼平犯科帳』を池波が書いているのを知っていて関係のある貴重な古書を送ってくれた。池波は子母澤の行為に大変恐縮していた。

③今井達夫・作家　〜酒とうなぎが好きな子母澤

子母澤は鵠沼に住んでいる物書きたちの会合を開いた。声をかけた人たちは、吉川清、岩崎純孝（イタリア文学）、日高基裕（釣の随筆家）、鳴山草平、三橋一夫、宮内寒弥、今井達夫である。酒をたしなむ人たちで、鮎を食べたりした。子母澤も藤沢に「うなぎや」という屋号のうなぎやがあった。今井は「うなぎや」をひいきにした。子母澤も「梅谷」を名乗ってよく店にいっていた。子母澤が亡くなった後も、店のお婆さんは「梅谷さん」をなつかしがっていた。今、この「うなぎや」は後継ぎがいなく廃業してしまった。

④井上友一郎・作家　〜労をいとわず

子母澤の作品ですぐれた点は労をいとわず、せっせと足を使って、事実を確かめる。そして漠然としたつくりものを決して書かない。

⑤鹿島孝二・作家　〜骨っぽい、謙虚な人

子母澤の豁然としたその優秀さがストーリーのおもしろさだけでなく、底にカチンと骨っぽいものがある。独自のおもしろさだと分かった。たいへん謙虚な人である。骨っぽいものがあっても、人に逆らうための骨っぽさではなくって、むしろ人に信頼感を持たせる骨っぽさで、謙虚さから出たものである。

湘南に住んでいる作家たちの懇談会がある。酒を飲みながら食べるだけの会で「すわん会」という。子母澤は心臓が悪いので用心していた。本人は出席しなくても、ウイスキーを出席させた。生涯を通して謙虚な人であった。

⑥河盛好藏・作家　～人生の表裏を見極めた人

子母澤の人柄になんともいえない魅力がある。浮世の荒波にもまれ、人生の表裏を見きわめた人だけが持っている円満さ、暖かさと思いやりと、神経のこまやかさである。子母澤にはどんなことを話しても理解して貰え、安心感がある。河盛は物わかりのよい親切な子母澤と一緒に旅をする楽しさと心易さをしみじみ味わった。

子母澤には、幼少の頃いつも遊びにやってくる祖父の友人の御家人たちから耳にした、生粋の江戸弁が身についている。それが後に物を書く時に大変役立ったそうである。

⑦桑田忠親文学博士・史家　～文献は徹底的に探す

桑田は「東京大学史料編纂所」に勤めていた頃、千利休と親交のあった山科の茶人ノ貫(へちかん)について特に出典に関して子母澤と会談した。その後、利休とノ貫の交友の一端を描いた小品を子母澤は書いた。

桑田は利休に関する随筆『利休切腹以後』を書いた。子母澤の作品と比べると凡作に相違いないと思った。

⑧三橋一夫・作家　～お話し上手、正確な博識

子母澤は博識で、物事を丹念かつ正確に調査した。また、話も好きであった。三橋は子母澤からウグイスを上手に鳴かせる訓練法を聞いたことがあった。子母澤の話を聞いていて正確きわまる博識と、お話し上手にすっかり引きつけられた。柔和な人柄にうたれた。子母澤を尊敬していた。親切で優しい、そして子どもっぽい無邪気な童心が、人を引き付ける。ある時、子母澤はパチンコ屋の娘さんたちをうちによんでごちそうしてやった。そうするとなるべく「アタル」ようにしてくれた。

⑨水上勉・作家　～苦渋にみちた一字一句

水上はラジオから『父子鷹』を聞いて、何とも言えぬ流れがあり格調を感じた。なんでもない町の風景や、歩いている人や、駆けこんでくる人が息づいて聞こえた。水上は宇野浩二先生を尋ねた。先生は二行の文章に一時間をかける。句点の多い、ぼきぼきした、わかりやすい短文の連続となり、一字一句が流れをなしている。

子母澤の小説にもその技法が出ている。独特のリアルな味わいを出す。苦渋にみちた一字一句を書いている。ぷんぷんとした臭いがある。歯切れのいい江戸っ子の会話もある。

水上は、教科書のかわりに子母澤の江戸っ子の会話を読むことがある。あの技法をどこで取得されたのか。たぶん、望郷の念が、よびさまされているかもしれない。水上は子母澤を尊敬する作家の一人にあげている。

⑩森豊・作家　~引き出し上手

取材で人と会話をする時、話の聞き上手、引き出し上手な人である。

⑪中沢圣夫・作家~文献への執念、根気、努力

子母澤は、みずから、古老を歴訪し、その経験談や懐旧譚を丹念に集め、小説の材料にしている。これら幕末生き残りの古老の話を聞く前に、充分に史料を精査していた。敗れた人々への深い愛着をもっていた。

文献を探す執念、根気と努力が優れている。旧幕老人を探し求め、話を聞き、それを整理しまとめる。努力にはただ頭をさげるだけである。

⑫岡戸武平・「文芸倶楽部」編集部　~日本人に好まれる精神

もっぱら足で取材した維新志士や親分衆の話を読みもの風に書いている。日本人にいつの時代にも好まれる精神で、これが大変に評判となった。筆致も頗る簡潔で要を得、文章の殼を残さない。いやな味のない名文である。

⑬尾崎秀樹・作家　～幕末維新の鎮魂と動物への愛情

子母澤は幕末維新の鎮魂として『新選組始末記』『突っかけ侍』『花と奔流』『勝海舟』などの歴史随筆を書いた。足で確かめ、目や耳にしたことにもとづいて書いた。

動物の話になると子母澤の顔は生き生きしてくる。眼を細めて、顔いっぱいの笑いの表情である。

⑭司馬遼太郎・作家　～子母澤を超えられないと思った

司馬遼太郎は二十歳ぐらいの時に『新選組始末記』を読んで、どうしてもこれを超えられないと思った。その時受けた衝撃と非常に鮮やかな驚きを覚えている。司馬遼太郎は新選組について執筆する時、子母澤の『新選組始末記』を使うつもりはなかった。しかし調べるにつれて、この『新選組始末記』を参考にしなければならなくなった。鵠沼の自宅へ行き、『新選組始末記』について子母澤に教えてもらい、参考にする許可を得た。その後、親しくしていただいた。

子母澤は、「私はただ怠け者です。自分で勉強しないで人の話を聞いている方が気楽だから、取材をもとに書いている。」や「少年時代に祖父のあぐらの中で年寄りの繰り言葉を聞かされる。それがいまだに耳についていましてね、年寄りと話すことが非常に楽しいんですよ。若い頃から年寄りと話す機会を自ら求めた。おれは年寄りと話をすることがうまいという自信を持っている。」と話した。

その後、司馬はどうしても子母澤のふるさとを訪ねたくなり、昭和53（1978）年9月3日に厚田へゆく。そして厚田の風土を肌で感じる。

⑮島崎藤村・作家　～共通な話題となる猥画

子母澤は「思うこと抄　落書」で島崎藤村先生との会話を書いている。フランスから帰国した島崎藤村は麻布狸穴に住んでいた。子母澤はたびたび訪問して話をしている。その場面が「落書」に書いている。

「大正2年の夏フランスへ行った時の話で下痢をしてパリで共同手洗所へ入った。猥画が上から下まで手届く限り一ぱい書いてあった。これを見たら、にわかに肩のこりはすうーっとして、それまで尊大に見えたフランス人も親しみを持って見るようになって愉快な旅行をしたよ」と話す。子母澤は「どこの国の人間も本来すべて落書はすきらしい」と話した。

藤村も子母澤と気が合った雰囲気のようである。

⑯早乙女貢・作家　～独特の文体は魅力的

早乙女は子母澤の小説について足で集めた内容であると話す。取材における聞き書きの巧みさに感心した。独特の文体は魅力的であった。

文章には長行（経典、論書中の散文で書かれた部分）である。同情にあふれて、読者は納得せずにはいられない。

⑰里見弴・作家　～簡にして明

子母澤の歯切れのいい声音が耳にひびいてくる。簡にして明、商人にぐうの音も挙げさせない。食欲はめざましいほどたくましい。

藤沢にある屋号「うなぎや」で子母澤は「梅谷」を名乗っていた。店の婆さんは「梅谷さんが梅谷さんは」となつかしがっていた。

⑱辻平一・作家　～繊細で愛情のこもった人

子母澤に相談をもちかけると、兄貴のように親身になってくれた。坊主頭で、書生肌で、いわゆるインテリ臭がみじんもない。坊主のような、ぶっきら棒だったが、江戸ッ児らしい愛情の深い人だった。いつも飾り気なく、無造作で、書生っぽらしい態度でいながら、繊細で愛情のこもったこの心情に、辻は強い感銘を受けた。

⑲白井喬二・作家　～寛大さと香り高さを持つ

白井が文献の「大村益次郎の鉄砲研究」を探していることを耳にすると、子母澤は自分の持っている「大村益次郎の鉄砲研究」を白井へ贈った。

先生に対する友情というものの寛大さと香り高さをいつまでもわすれることができない。

⑳山田風太郎・作家　～病院に入る時がきたら、『味覚極楽』を

子母澤の魅力は何よりもその文章力にある。これほど粋で滋味があって濶達自在な文章はちょっとほかに思い浮かばない。年がよって病院にでも入らなければならなくなったような時、『味覚極楽』をぜひ持っていくと山田は話す。ここには人間と浮世へのなつかしさが充ち満ちている。それを食べている雰囲気の描写、材料や料理の解説などに妙を得ている。何よりまず、読む方にそれを食べたくなる欲望を起こさせる文章力にある。

㉑加藤笙子・孫娘　～三ちゃんは祖父に絶対服従

三ちゃんは素直で、正直で、可愛い動物だった。子母澤は三ちゃんをかわいがり、三ちゃんのほうも子母澤に絶対服従だった。子母澤は三ちゃんが亡くなるとすっかり気を落とし、涙をポロポロこぼした。子母澤は三ちゃんのために庭の一番見晴らしの良い場所にお墓を造りお経を上げた。

子母澤は、取材や出入りの人からの情報をもとに古本屋や東京大学史料編纂所の図書館で文献を探す。文献からまた取材に行く。納得いくまで調査を徹底的に行う。そして執筆にかかっていた。

Ⅱ　ニシンで富を得て佐藤松太郎氏が作った隠居家（現、戸田旅館）

札幌の北西方向、約50キロの日本海沿岸に厚田がある。厚田へは国道二三一号を行く。厚田に入ると国道の周辺は開ける。国道から離れ旧道を行き、厚田川に架かる栄橋を渡る。道なりに左方向に行くと正面の厚田神社が見える。その十字路の左側に戸田旅館がある。漁業家、政治家の佐藤松太郎氏がニシンで財産を増やして建てた贅沢な屋敷である。

家のつくり

戸田旅館は屋根が方形造りである。一階建平屋である。部屋数は八畳三部屋、十畳一部屋、十五畳一部屋、十八畳一部屋がある。十五畳と十八畳の部屋は襖で仕切られている。襖の上は杉の板張りに木彫りの欄間である。天井は高い。

欄間の彫刻を見る

欄間について岡野建設九代目岡野茂雄氏（昭和6年生）が解説した。また、これらの彫刻はまず絵師が考えて下図を書き、上の方の大工が彫刻をした。絵師はたぶん住職である。欄間の相場として一枚二三万円ぐらいである。

①雲水の欄間

十五畳の部屋に床の間がある。床の間の正面には右に雲水を表現した欄間がある。海の入り江を表現している。この欄間の左側に、海を見るための二階建ての望楼が丘の上にある様子が彫られている。丘の下に二本の川がある。望楼に行くために二つの太鼓橋が掛けられている。太鼓橋に二本の手すりがある。川の上流の空に月があり、雲は波線で表現されている。二本の川は海岸で合流し、勢いよく海に流れ込む水流と海の荒波の衝突が表現されている。この欄間の右側は海の入り江、竹と麻で作られた帆立舟、岸にはしっかりとした稜線をなす棟（むね）と風波（はぐ）柱の離れがある。

②山川の欄間

雲水の欄間の左に山川を表現した欄間がある。海の入り江を表現している。左側に、海と松の林を見る二階建ての望楼が丘の上にある様子が彫られている。丘の上の望楼に上る見学者も描かれている。山のかがり火も見られる。入り江には小島がある。小島には一階建ての楼がある。丸木橋がかけられている。入り江には帆立舟が浮かぶ。

③松葉と松ぼっくりの欄間

十五畳の部屋の右隣に十畳の部屋がある。この部屋の欄間に松葉と松ぼっくりが彫られている。松葉は二本の松の葉が元で一本になっている。この彫刻は、親子の代は終わっても、末代まで見守ることが表現されている。また、松葉は枯れても、二人連れは存在することを表現している。

④面ひげのある雲が空を舞う欄間

十五畳の部屋の床の間の右の欄間に、面ひげのある雲が空を舞い、雷様が光を出している様子が彫られている。しばらくすると吹き流しの凧が舞い、鈴が鳴っている。この欄間の絵は想像にまかせて作られている。

⑤神の使いである虎が息を吹き出している欄間

十五畳の部屋の床の間の右の欄間に、神の使いである虎が息を吹き出すと、鈴が鳴り、凧が上がる様子が彫られている。石灯籠の笠、凧、雲、草が彫られている。作品の流れを書いたもので解釈が難しい。

⑥壺の上で回転する駒の欄間

十八畳の部屋の南側の欄間に壺の上で駒が回転している様子が彫られている。人によって回る様子、お寺の門でよく見かける絵柄である。回るとは、新商がまわる、まわしまわることを表現している。この壺の絵のことを「いち」と呼んでいる。壺をもととし、吉（きち）の転音で「いち」と言う。

戸田旅館の中庭には、ナナカマド、松などの樹木が生えて、雪見形の石灯籠が一個、春日形石灯籠が二個もあり、廊下から鑑賞できる。

貴重な財産

戸田旅館内にある貴重な品々

①屏風

厚田村　恩師の故郷に憶う

北海凍る厚田村　痛まし針の白髪
吹雪果てなく貧しくも　不正に勝てとアッシ織る
海辺に銀の家ありき　母の祈りに鳳雛を
これぞ栄あるわが古城　虹を求めて天子舞

春夏詩情の厚田川　暖炉に語りし父もまた
鰊の波に日本海　網をつくろい笑顔歌
松前藩主の拓きしか　権威の風に丈夫は

断崖屛風と漁村庭　　行けと一言父子の譜
少年動かず月明かり　　厚田の故郷忘れじと
電機と歴史の書を読み手　　北風堤手美少年
紅顔可憐に涙あり　　無名の地より世のために
正義の心の鼓動楽　　長途の旅で馬上行

（池田大作先生の詩　櫓訂書）

②タンチョウのおす、めすの創作品
創価学会会長池田大作先生が来村した時、戸田旅館に立ち寄った。その記念として戸田旅館に奉贈する。（昭和48年9月8日）

③厚田港の油絵
別狩から厚田湾を描いた油絵が掲額されている。中央部に戸田旅館が描かれている。

戸田旅館の説明によると、板金屋は油絵を描くことが趣味で戸田旅館に宿泊してこの絵を描いた。帰る時金がなくなり、宿泊代が払えなかった。戸田旅館はこの絵を宿泊代として受け取ったものである。

④サケのはく製

小野寺貞治は戸田旅館に住み、北海で魚を獲っていた。体長75センチのサケが獲れてあまり大きなサケではく製にして展示している。

居住者の推移と戸田旅館の食事

戸田章次郎が佐藤松太郎氏の隠居家を購入する

佐藤松太郎氏がニシンで財産を増やして建てた、贅沢な屋敷が厚田にあった。戸田甚一、すえは明治35（1902）年に石川県から厚田に来て、厚田川左岸の河川近くに住んでいた。章次郎は次男として生まれた。戸田家の七男は宗教家戸田城聖氏である。章次郎は若い頃、仙台に行き仕事をしていた。そしてハツと結婚したが、子どもに恵まれず、ハツは死去した。その後、章次郎は小野寺初江と再結婚し、厚田に戻った。一人娘・一枝が誕生する。一枝は気量もよく、容姿端麗で美人であった。後に一枝は山口悦男と結婚し、近くの別狩に住んだ。

厚田に戻った章次郎は漁業で稼ぎ船を二艘持ち、カムチャツカ半島の海域までマグロを獲りに行く網元になった。漁業で財産を増や

戸田旅館

した章次郎は、佐藤家と相談して佐藤松太郎氏が使用した隠居家を購入した。

厚田はニシンが豊漁であった。章次郎の漁業は順調で大変忙しくなった。そこで、仙台で生活している義理の弟の小野寺貞治を厚田に呼び寄せた。小野寺貞治は帳場の仕事に就き、厚田で働くこととなった。小野寺貞治は厚田村聚富（しっぷ）に住んでいた八重と結婚した。貞治と八重夫妻は四人の子どもに恵まれた。長男・章、次男・亨、三男・巧、四男・敏である。


戸田章次郎・初江夫妻と長女一枝、小野寺貞雄・八重夫妻と長男・章、次男・亨、三男・巧、四男・敏の九人がこの広い家ににぎやかな共同生活をしていた。子どもたちも大きく成長してきた。初江はその子の将来を見据えて考えるようになった。戸田旅館の継承、長女・一枝の将来のこと、小野寺貞雄・八重の四人の子どもたちの将来の職業などである。初江は特に次男・亨をかわいがっていた。

戸田旅館　開業

その後、小野寺貞治は、厚田のほぼ中央のところに屋号「戸田工務店」を開業した。

現在、戸田工務店は長男・章が後を継いでいる。四人の子どもたちは札幌、厚田で活躍している。

昭和15（１９４０）年、戸田章次郎が死去した。小野寺貞治家の子どもたちも順調に成長した。

初江はこれを契機にこの大きな家を生かして旅館をはじめた。「戸田旅館」の誕生である。

昭和28（1953）年、厚田で法事が行われ、戸田旅館に家族が集まった。戸田旅館の今後について話題となった。戸田城聖氏は、中学生であった小野寺亨に「労苦ニ対シ戸田ノ姓ヲナノルコトヲ許サル」と話した。小野寺亨は何だかわからないままに戸田家に養子へと入った。初江は亨を自分の息子のように可愛がる。初江は娘を嫁にやってでも、亨に戸田旅館を継がせたかった。そして戸田亨が戸田旅館を継ぐこととなった。早速、初江は戸田亨を札幌の料理屋喜㐂久一で料理の修業を行わせる手配をした。初江は晩年孫の子守を行い、やさしく、怒らないおばあちゃんであった。

戸田亨は十年間の料理の修行後、戸田旅館を本格的に経営する。地域の人々は集まり、全国からも訪問されている。厚田村役場は、戸田亨氏に長い間、戸田旅館の素晴らしさとこれまでの産業に貢献した業績を認め、平成16（2004）年度、厚田村功労表彰を授与した。その後も順調に旅館業務を営んできた。戸田亨氏は平成25（2013）年6月25日死去し、長女・戸田住世が戸田旅館を継いでいる。

戸田旅館の食事（十二ヶ月のメニュー）

料理には厚田コンブを使ってだしを取る。厚田コンブはだしがよく出る。7月から8月はコンブ漁がはじまる。

月ごとの主な魚の食材

〈1月～3月〉

①ニシン…刺身／焼く、そのまま焼く、開いて焼く／カズノコ／ヌカニシン

②カジカ…卵をいくらのように醤油づけ／三平汁（材料はダイコン、ぬかニシン、ジャガイモ。塩味で煮る）

〈4月～5月〉

①カレイ（卵をもっている）…唐揚げ／醤油で煮る／塩焼き

②カジカ…三平汁（材料はダイコン、ぬかニシン、ジャガイモ。塩味で煮る）

③タコ…刺身／カルパッチョ／唐揚げ（ザンギと呼ぶ）

④シャコ（5月が旬）…ゆでたものを醤油で食べる

〈6月〉

①ハッカク…田楽／開いて焼く

②ソイ…煮る

③カレイ…唐揚げ／醤油で煮る／塩焼き

④ハチソウ…煮る

⑤アンコウ…肝を使いアンコウ鍋で食べる

ニシンの刺身

シャコ料理

⑥ワタリガニ…ゆでて焼いて食べる／味噌汁
⑦シャコ…ゆでたものを醤油で食べる
⑧マメイカ…刺身／醤油で煮る
⑨ホタテ…刺身／焼いて食べる／幼貝は味噌汁／マリネ
⑩ツブ貝…刺身／焼く

〈7月～8月〉
①ヒラメ…刺身
②タコ…刺身
③ウニ…刺身

〈9月～10月〉
①シャケ…シャケを利用した多様な料理（焼き魚、チャンチャン焼）／イクラの醤油漬け／石狩鍋
②カキ…グラタン／生で食べる

〈11月～12月〉
①ハタハタ…煮付け／鍋／焼く／飯寿司（いずし）
②イナダ（ブリの小さなもの）…刺身／醤油漬け／しゃぶしゃぶ／

大根と煮る

戸田旅館の夕食

〈2011年6月17日の夕食〉

・ハッカク（八角）の田楽…開いて、味噌をぬり、焼く。（厚田湾で採れる）

・シャコ（厚田湾で採れる）

・わかさぎのマリネ（厚田湾で採れる）

・ホッキサラダ…ゆでて、マヨネーズ、洋からしであえる。

・刺身…マグロ（厚田湾で採れない）、ヒラメ（厚田湾で採れる）、タコ（厚田湾で採れる）

・カキのグラタン（カキは昔、厚田湾で採れたが、今はそれほど出ない）

〈2013年6月22日の夕食〉

・ホッケ焼き

・マイカの刺身、甘エビ、ナマコの酢のもの、ホヤの酢のもの

・ソウハチの煮物

・みそ汁…カナガシラが入る。

最近のお客様と旅館の仕事

厚田の食材を使っておもてなしを

戸田旅館には全国の人々が訪ねて来てくれる。最近では外国のお客様も多い。シンガポール、フランス、アメリカ、カナダなどからよく来る。みなさん明るい人柄で清潔感がある。多くの人々との出会いが楽しみである。

料理は厚田の地元の材料を使う。石狩市には望来地区がある。その地で養豚し、望来豚として市場に出回っている。戸田旅館では、しゃぶしゃぶ料理に望来豚を使い好評である。

お客様は一日、二組ぐらいを受け入れている。きめ細やかな接遇をすることを心がけている。桜の季節に大勢来てくれる。

あとがき

平成22年5月、私は『気仙沼湾を豊かにする大川をゆく』の本と厚田の観光、宿泊、ニシンに関する資料及び郷土資料館の資料提供の手紙を石狩市厚田支所長あてに送った。私への対応は地域振興・産業振興担当の笹本主査が担当した。笹本主査から早速、厚田の観光、宿泊、ニシンの資料と厚田の地図、観光案内を送っていただいた。

私は調査のために平成23年6月17日午後2時頃、石狩市役所厚田支所（現在、駐車場）を訪問し、笹本主査を訪ねた。笹本主査は用務のため札幌へ出張で留守であったので、支所長席の前にあるテーブルのところで、支所長に調査の挨拶と調査の趣旨を説明した。しばらくすると笹本主査は出張から午後5時頃戻ってきた。笹本主査に挨拶をして明日会うことにした。

私が調査に行くたび、支所長にあいさつに行くと、調査の場所の詳しい情報を寄せていただいた。支所長は、笹本主査の調査同行を快く許可してくださった。私は厚田の調査、ニシンの復活に一段と高揚した気持ちとなった。その後、地域の人々との懇談会も、快く設定してくださった。厚田へ調査に行く時、厚田の自然の状況や職員の異動を知るために、石狩市東京事務所加藤光治所長を訪ねて事前に予備知識を得た。加藤所長は、いつも支所長に私が調査に行くことを連絡してくれた。支所長は戸田旅館での懇親会に、大変珍しい「ニシンの刺身」を差し入れてくれた。ニシンの獲れる海の近くでないと食べられない料理である。支所長は厚田の繁栄を常に考えていた。笹本さん、伊藤さんには連絡・調整をしていただき感謝している。

平成23年、私の厚田の調査が始まった。私への対応は尾山支所長の配慮で笹本泰利主査が担当した。平成23年6月18日午前9時に再会して打ち合わせ後、私の希望で厚田川の調査地点の川の様子を知るために、厚田川の上流から下流までを案内していただいた。道路から厚田川の河川敷までチシマザサが人間の背丈より高く約2メートル茂る。さらに道路から川岸へ降りる斜面が急である。厚田川へ降りられる場所がなかなか見つけられず大変であった。厚田川の調査地点の要件を説明すると厚田川に降りる調査地点へ案内してくれた。笹本主査は機械工学が専門で、若い頃振動の研究をしたようである。しかし、厚田村役場に勤めてからは各部署で経験を積み、地域振興・産業振興担当に就いていた。笹本主査は林務係を経験していたことから、厚田の山・森・川を隅々まで熟知している。強風や雪で道が閉ざされていると、住民へ対応する地域振興担当の業務を遂行した。その経験が今回の調査で生かされていた。笹本さんには地域振興・産業振興担当から異動しても休暇を取って協力していただいた。

石狩地方及び厚田のニシンの調査を行う過程で、地域の人と行政との太い絆のある人の存在が必要なことに気付いた。笹本さんに相談し、厚田区の議員の紹介をお願いした。発足地区に住んでいる伊藤一治さんが平成22年9月8日戸田旅館に来てくれた。その後、調査のたびに伊藤一治さんにご指導をいただいた。伊藤さんは厚田の繁栄を第一に考えて、自分のことより厚田のことを優先し行動する人物である。相談や質問に的確に応えていただいた。課題に対して打つ手を持っている。人脈、人とのネットワークに優れている人である。

私は以前から石狩市議会議員選挙に関心があった。公職に就いていないので、平成27年5月17日石狩市議会議員選挙の応援と手伝いに行った。開票の時、同席していた。見事伊藤氏は当選し、大変うれしかった。そして伊藤一治氏は、平成27年5月に石狩市議会議長に就任した。石狩湾の水産資源の保護のために「あつたふるさとの森」づくりや石狩市の発展のために行政と携えてご尽力されている。また伊藤さんは厚田の水産資源を豊かにするために仲間と一緒になって森に木を植えている。

石狩地方及び厚田のニシンの調査にあたり石狩市厚田支所尾山忠洋支所長、石狩市厚田支所地域復興・産業復興担当笹本泰利主査、石狩市議会伊藤一治議員の各位に大変お世話になりました。また、ご指導をいただき厚くお礼を申し上げます。

北米神経科学会中に序文をお寄せいただいた脳科学者・茂木健一郎氏に感謝致します。世界的に活躍する素晴らしい卒業生をもつ教師として誇りであります。

出版にあたり、本阿弥書店にお礼申し上げます。

石狩湾のニシンの復活と持続可能な漁獲を念じながら、『ニシンの泳ぐ森』を結びとする。

大熊光治

平成29年12月

参考文献

『あつた百話』　厚田村教育委員会　（２００３）
『あつたの歩み』　厚田村教育委員会　（２００６）
「開校九十周年記念誌」　厚田小学校　（１９６７）
『小学理科』　学海指針社編　集英堂　（１９０２）
『河川生態学』　御勢久右衛門　築地書館　（１９７２）
『日本の野草』　林弥栄　山と渓谷社　（１９９７）
『日本の樹木』　林弥栄　山と渓谷社　（１９９６）
「発足開基百年記念誌」　発足部落開基百年協賛会　（１９８５）
『高等学校　生物』　服部静夫・他　東京書籍　（１９６６）
『渓流の水生昆虫』　平凡社　（１９８１）
『兵庫の川の生き物図鑑』　兵庫陸水生物研究会　（２０１１）
『日本動物図鑑』　北隆館　（１９４９）
『生物社会の論理』　今西錦司　思索社　（１９７１）

『大江戸リサイクル事情』 石川英輔 講談社 （１９９４）
『Insekter og småkry I vann og vassdrag.』 Jan Emil RaastaD og Lars-Henrik Olsen Aschehoug & Co （１９９９）
『可児籐吉全集』 可児籐吉 思索社 （１９７０）
『日本の地質北海道地方』 加藤誠・勝井義雄・北川芳男・松井愈 共立出版 （１９９０）
『日本産水生昆虫検索図説』 川合禎次 東海大学出版会 （１９８５）
『北海道用尋常小学校読本』 金港堂書籍 （１８９９）
『ユスリカ』 北川礼澄 山海堂 （１９８６）
『明治以降教育制度発達史 第一巻』 教育史編纂会 教育資料調査会 （１９３８）
『ユスリカの世界』 近藤繁生・他 培風館 （２００１）
「日本海水学会誌52（5）森林起源のフルボ酸鉄がコンブやワカメの生長に果たす効果」
松永・和・鈴木・安井・グリサダ 日本海水学会 （１９９８）
『厚田村上巻・下巻』 松山善三 潮出版社 （１９７８）
『日本のゲンゴロウ』 森・北山 文一総合出版 （１９９３）
「関西自然科学研究会会誌 屋久島の水生昆虫」 森下郁子 関西自然科学研究会 （１９６１）
『明治検定期教科書採択府県別一覧』 中村紀久二 教科書（財）研究センター （１９９６）

「インセクタリウム　VOL22　ヒゲナガカワドビケラの生態」西村登（1985）
『日本の昆虫　ヒゲナガカワトビケラ』西村登　文一総合出版（1987）
『佐渡島水生昆虫小記』西村登　兵庫陸水生物（2010）
『高等学校　生物』沼野井春雄・他　好学社（1963）
『地学ハンドブック』大久保雅弘・他　築地書館（1964）
「和名倉百年の森　No24　森と水生昆虫」大熊光治（2012）
「埼玉動物通　No68　厚田川の水生昆虫」大熊光治（2013）
「和名倉百年の森　No32　ニシンの復活にかけた人生・牧野健一」大熊光治（2016）
『子母澤寛』尾崎秀樹　中央公論社（1977）
『街道をゆく「北海道の諸道　厚田村へ」』司馬遼太郎　週刊朝日6月1日号（1979）
『子母澤寛全集　月報第1～25号』子母澤寛　講談社（1973～1975）
『趣味の湖沼學』田中阿歌麿　実業之日本社（1922）
『国語読本　高等小学校用』坪内雄蔵　金港堂書籍（1900）
「吉野川の水棲動物の生態學的研究」津田・御勢　奈良県総合文化調査書（1954）
『水生昆虫学』津田松苗　北隆館（1962）
『陸水生物學實習手引き』上野益三　岩波書店（1932）

『陸水生物学概論』　上野益三　養賢堂　（１９３５）
「日本の汽水特に潟湖の生態學的研究（第一報）」　上野益三　服部報公會研究報告（１９４３）
『淡水生物学』　上野益三　北隆館　（１９６０）
『原色日本大図鑑（Ⅱ）』　上野俊一・黒沢良彦　北隆館　（１９６３）
『鰊場物語』　内田五郎　北海道新聞社　（１９７５）
「水産研究誌25　湖水の簡便化學分析法」　吉村信吉　（１９３０）
『湖沼學』　吉村信吉　三省堂　（１９３７）
「明治大学国際日本学研究　第6巻第1号　明治大学の中の地域文化―子母澤寛―」　吉田悦志　（２０１４）

参考文献で協力をいただいた機関
国立国会図書館／埼玉県立浦和図書館／埼玉県立久喜図書館／石狩市厚田資料室
石狩市厚田図書館／加須市加須図書館／東書文庫

著者略歴
大熊　光治（おおくま・みつはる）
1947年　埼玉県生まれ
1971年　埼玉大学教育学部中学校理科動物学教室卒業
2017年　佐野日本大学学園講師
　　　　ＮＰＯ法人百年の森づくりの会　理事
　　　　国土交通省河川環境保全モニター

著書　　荒川総合調査報告書　埼玉県
　　　　『学校ビオトープＱ＆Ａ』東洋館出版
　　　　『小学校の先生のための基礎から学べる理科』研成社
　　　　『気仙沼湾を豊かにする大川をゆく』自費出版

現住所　〒347－0031　埼玉県加須市南町6-54
E-mail m-kagero@rj8.so-net.ne.jp
HP http://www011.upp.so-net.ne.jp/m-okuma/

ニシンの泳ぐ森（およぐもり）

2018年３月16日　初版発行
定価　本体2400円（税別）

著　者　　大熊　光治

発行者　　奥田　洋子

発行所　　本阿弥書店（ほんあみ）
東京都千代田区神田猿楽町2-1-8　三恵ビル　〒101-0064
電話　03（3294）7068（代）　　　振替　00100-5-164430

印刷製本　日本ハイコム株式会社

©Okuma Mitsuharu 2018　　printed in Japan
ISBN 978-4-7768-1352-1（3068）